Paul Mazeron

De Galilée à Einstein

Paul Mazeron

De Galilée à Einstein

Mécanique classique Relativité restreinte Electromagnétisme relativiste Relativité générale (initiation)

Presses Académiques Francophones

Impressum / Mentions légales
Bibliografische Information der Deutschen Nationalbibliothek: Die Deutsche Nationalbibliothek verzeichnet diese Publikation in der Deutschen Nationalbibliografie; detaillierte bibliografische Daten sind im Internet über http://dnb.d-nb.de abrufbar.
Alle in diesem Buch genannten Marken und Produktnamen unterliegen warenzeichen-, marken- oder patentrechtlichem Schutz bzw. sind Warenzeichen oder eingetragene Warenzeichen der jeweiligen Inhaber. Die Wiedergabe von Marken, Produktnamen, Gebrauchsnamen, Handelsnamen, Warenbezeichnungen u.s.w. in diesem Werk berechtigt auch ohne besondere Kennzeichnung nicht zu der Annahme, dass solche Namen im Sinne der Warenzeichen- und Markenschutzgesetzgebung als frei zu betrachten wären und daher von jedermann benutzt werden dürften.

Information bibliographique publiée par la Deutsche Nationalbibliothek: La Deutsche Nationalbibliothek inscrit cette publication à la Deutsche Nationalbibliografie; des données bibliographiques détaillées sont disponibles sur internet à l'adresse http://dnb.d-nb.de.
Toutes marques et noms de produits mentionnés dans ce livre demeurent sous la protection des marques, des marques déposées et des brevets, et sont des marques ou des marques déposées de leurs détenteurs respectifs. L'utilisation des marques, noms de produits, noms communs, noms commerciaux, descriptions de produits, etc, même sans qu'ils soient mentionnés de façon particulière dans ce livre ne signifie en aucune façon que ces noms peuvent être utilisés sans restriction à l'égard de la législation pour la protection des marques et des marques déposées et pourraient donc être utilisés par quiconque.

Coverbild / Photo de couverture: www.ingimage.com

Verlag / Editeur:
Presses Académiques Francophones
ist ein Imprint der / est une marque déposée de
OmniScriptum GmbH & Co. KG
Heinrich-Böcking-Str. 6-8, 66121 Saarbrücken, Deutschland / Allemagne
Email: info@presses-academiques.com

Herstellung: siehe letzte Seite /
Impression: voir la dernière page
ISBN: 978-3-8381-4014-8

DE GALILÉE À EINSTEIN

Mécanique classique

Relativité restreinte

Électromagnétisme relativiste

Relativité générale (initiation)

Paul MAZERON

DU MÊME AUTEUR :

Physics reloaded, Publibook, 2011

PRÉFACE

Ô temps ! Suspends ton vol ! Et vous, heures propices, suspendez votre cours…
Ces vers du célèbre poème de Lamartine (le lac, 1820) exprimant la fuite du temps et le désir de prolonger la durée d'événements heureux ne sont-ils qu'une rêverie de poète ? Oui, pour la logique quotidienne du commun des mortels que nous sommes, non, à la lumière des connaissances et des expérimentations actuelles ! En effet, moins d'une centaine d'années plus tard, un autre visionnaire, cette fois dans le domaine scientifique, Einstein, révolutionne les concepts en démontrant que le temps n'a pas ce caractère monotone, inéluctable et universel qui nous paraît pourtant si naturel. Son écoulement peut en effet ralentir significativement si l'on se déplace vraiment vite et même s'arrêter si l'on atteint la vitesse de la lumière… C'est en tout cas ce qui est vérifié pour les particules élémentaires dans la nature ou dans les grands accélérateurs. Imaginer que cela puisse rester vrai pour le monde macroscopique, en particulier pour l'être humain, est à la fois merveilleux, inquiétant et problématique. Les ingrédients sont pourtant là puisque nous sommes tous constitués de telles particules et que notre vitesse de déplacement par rapport à la Terre est de plus en plus élevée à cause de nos prouesses technologiques. Et la Terre elle-même se déplace à 30 km/s par rapport au Soleil et bien plus vite encore par rapport à des étoiles ou des galaxies lointaines… Alors, utopie, fiction, illusion, inapplicabilité, généralisation hâtive de savant emporté par un tourbillon idéel ou réalité ?

Il est clair que la physique moderne heurte notre bon sens. Dans leur incessante quête de la connaissance, les physiciens élaborent des modèles ahurissants pour le grand public. C'est notoirement le cas de la mécanique quantique, mais c'est vrai aussi dans les autres branches de la physique. Or, ces modèles sont jalonnés de succès puisqu'ils mènent à une technologie fiable et opérationnelle. On a su par exemple faire atterrir un robot sur la planète Mars, détecter le boson de Higgs, développer de manière fantastique la puissance de nos calculateurs et des télécommunications et comprendre partiellement la façon dont l'Univers s'est formé. Puisque tout cela marche, c'est que ces concepts, aussi fous paraissent-ils, décrivent ou approchent assez bien la réalité.

Alors, comme les artistes, continuons à créer, à dépasser nos certitudes, notre logique, nos schémas réducteurs et nos écoles de pensée. Affinons nos observations et nos mesures afin d'imaginer encore et encore des concepts abracadabrantesques, mais finalement fructueux.

LA MÉCANIQUE CLASSIQUE

La physique dite classique est celle ressentie ou expérimentée au quotidien. Elle explique ou conforte la plupart de nos observations ordinaires, nos comportements, nos intuitions, notre façon de vivre. Elle forge notre logique et notre bon sens. C'est elle qui détermine ce qui est possible ou impossible pour nous. Mais, restons modestes et méfiants, car ce n'est pas forcément simple. Il n'y a qu'à voir comment les illusionnistes ou les apparences nous roulent. Notre perception et donc notre conception de la réalité sont nécessairement anthropomorphiques et locales. Nos cinq sens ne nous permettent pas de prendre conscience de tout ce qui existe dans notre Univers si riche de surprises et de complexité. Nos yeux par exemple ne distinguent ni le monde microscopique, ni la plupart des rayonnements électromagnétiques.

Pour acquérir connaissances et certitudes, l'homme n'a d'autre solution que de développer et de perfectionner sans cesse une instrumentation complexe et fiable lui permettant d'augmenter considérablement ses propres moyens d'investigation et de mesurer avec précision les grandeurs d'intérêt qu'il souhaite. Il doit ensuite théoriser, car s'en remettre aux divinités n'est évidemment pas satisfaisant. Dans le langage courant, le mot théorie a souvent une connotation péjorative. Mais pour les scientifiques, c'est plutôt un must. Une théorie est l'aboutissement d'une construction intellectuelle cohérente basée sur l'expérimentation. Bien que nécessairement partielle et conditionnelle, elle se doit au minimum d'être explicative pour toutes les observations relatives à son champ d'applications. Par exemple, expliquer les marées océanes est bien, mais prévoir avec précision leurs coefficients et horaires est beaucoup plus puissant. C'est pourquoi le véritable potentiel d'une théorie réside dans sa capacité à prévoir des résultats quantitatifs et à résoudre des problèmes. C'est la confrontation à la réalité, par des mesures répétitives et précises, qui permet de la valider ou non. C'est donc aussi ce qui peut causer sa remise en question par la découverte de phénomènes ou de comportements, aussi insignifiants paraissent-ils, échappant à sa description ou à son champ.

LE PRINCIPE DE GALILÉE

Confronté en permanence par sa vue aux positions et mouvements et par son corps et sa physiologie aux efforts et à la fatigue, l'homme a d'abord théorisé les rapports entre le temps, les positions, vitesses, accélérations, forces et énergies. C'est l'objet de la mécanique, partie prépondérante de la physique classique.

A priori, il est logique de penser que ses lois et les constantes fondamentales qu'on en déduit doivent être objectives, c'est-à-dire les mêmes pour tous les observateurs. Sinon, il y aurait autant de résultats et d'affirmations que d'observateurs, donc négation de toute connaissance. Oui, mais la difficulté vient de ce que les observateurs ne sont pas toujours placés dans les mêmes conditions : leurs époques, instruments, lieux et vitesses peuvent différer et entraîner des conclusions et des interprétations particulières. D'où la nécessité de tenir compte de leur spécificité, notamment en ce qui concerne la mécanique, de leur mouvement propre. Si une pomme rouge et ronde met une seconde à atteindre le sol pour un observateur immobile par rapport au pommier, en sera-t-il de même pour un autre qui passe à toute vitesse ou qui accélère ou freine ? Et même, la verra-t-il tomber ou peut-être l'a-t-il déjà vu tomber, la verra-t-il rouge et ronde ? Ces questions peuvent prêter à sourire, mais ce sont de vraies questions que les scientifiques se posent réellement. Affirmer « c'est évident » ne fait que souligner la confusion entre habitude observationnelle et loi scientifique.

L'Italien Galilée (1564-1642) a été un des premiers à formuler une approche basée sur ce que Poincaré appellera le principe de relativité :

Principe de relativité :
« les lois de la mécanique sont identiques dans tous les référentiels inertiels »

Cela implique qu'aucun inertiel (référentiel non accéléré) ne peut être privilégié et qu'aucune expérience de mécanique pratiquée dans ce référentiel ne peut mettre en évidence sa vitesse ou son immobilité par rapport à d'autres référentiels inertiels. Sauf évidemment si on a un hublot sur l'extérieur qui permet de constater de visu un déplacement par rapport à quelque chose. Comme les inertiels ont généralement des vitesses différentes, les divers observateurs ne constateront ni les mêmes trajectoires ni les mêmes vitesses pour le système sous étude, mais la durée de chute d'une bille, son nombre de rebonds, la période d'oscillations d'un pendule, la masse d'un objet, la hauteur d'une note musicale, la couleur du sang ou des feuilles, la dispersion de la lumière par les gouttelettes de rosée, etc., devront être les mêmes pour tous les observateurs inertiels ou prévisibles (effet Doppler-Fizeau par exemple).

Remarque : par contre, les forces d'inertie permettent de savoir que nous sommes en mouvement. Une expérience de mécanique ou une sensation physique comme le mal de mer ou se sentir écrasé sur son siège au cours du décollage d'un avion prouve le mouvement sans qu'il soit nécessaire de regarder à l'extérieur. Le mouvement uniforme est relatif, mais le mouvement accéléré semble avoir un caractère absolu. Ce n'est pas le point de vue d'Ernst Mach, philosophe et physicien dont les idées ont influencé Einstein.

RÉFÉRENTIEL INERTIEL

Un référentiel inertiel (dit encore galiléen) est un référentiel dans lequel un objet libre est soit immobile, soit en mouvement rectiligne uniforme. Ce principe d'inertie a l'air simple et clair, mais on peut se poser deux questions : que signifie libre et le caractère inertiel a-t-il bien une réalité ?

Libre ? A priori, c'est isolé, soumis à rien du tout, c'est-à-dire à aucune force. Cela implique de savoir ce qu'est une force. Elles sont définies comme les interactions fondamentales subies par les particules élémentaires, s'exerçant à distance ou au contact. Il y en a quatre que les physiciens espèrent unifier un jour selon l'énergie mise en jeu : gravitationnelle, électromagnétique, forte et faible. À notre échelle, c'est-à-dire pour les objets macroscopiques ordinaires, elles se manifestent surtout par le poids et, bien que les objets soient en général électriquement neutres, par des phénomènes d'origine électromagnétique (frottement statique et dynamique, attraction et répulsion, Van der Waals, tension superficielle, changements d'état physique, pression, affinité chimique, etc.). Selon le modèle standard de la physique, elles s'interprètent comme le résultat d'échanges de bosons de jauge (photons, gluons, gravitons et autres bosons) entre les particules. Et pour Einstein, la gravitation n'est même plus une force, mais la manifestation d'une courbure de l'espace-temps, due à des distributions de densité d'énergie, de quantité de mouvement, de pression ou de masse. C'est l'objet compliqué de la relativité générale.

Comme les objets usuels sont pesants, il est impossible de n'être soumis à aucune force (il existe bien des particules sans masse, mais elles sont soumises à d'autres forces). Par libre, on doit donc plutôt comprendre ensemble de forces de résultante nulle, mais comme nous le verrons sur des exemples simples, ce n'est si facile à établir.

Inertiel ? Un référentiel, c'est un repère d'espace et une base de temps (l'observateur a à sa disposition une unité de longueur et une unité de temps). Le repère d'espace est un système d'axes qui permet de localiser un mobile M par des coordonnées. Le plus naturel de tous est celui-là même où l'on se trouve en un point de la surface terrestre, celui dit local, choisi de préférence orthogonal direct, avec par exemple la verticale ascendante comme axe des z, le méridien vers le pôle Nord comme axe des y et l'axe des x vers l'est du parallèle local. Est-il inertiel ? Voilà bien le qualificatif le plus important de la mécanique classique, même si désormais la relativité générale relègue la mécanique newtonienne à une simple approximation. A priori, on ne sait pas et on ne sait même pas si c'est possible. D'après l'énoncé de Galilée, on se doit de considérer un objet libre, ou en mouvement rectiligne uniforme, ou ce qui est plus simple et plus pratique, immobile par rapport à ce référentiel. C'est l'expérience qui doit permettre de trancher.

Tout le monde a déjà jeté des cailloux. En général, ils suivent une trajectoire ni uniforme ni rectiligne puisqu'ils retombent sur le sol. Leur poids les entraîne vers le bas et le frottement de l'air les ralentit. La somme de ces deux forces non colinéaires ne peut évidemment être nulle. Le caillou n'étant ni libre, ni immobile, ni en mouvement rectiligne uniforme, le principe de Galilée ne peut guère nous renseigner sur le caractère inertiel ou non du référentiel local. Mais une fois retombé, le caillou reste immobile et l'on est ramené au cas souhaité... Il est alors soumis à son poids et aux réactions de contact du sol et d'éventuels objets avoisinants. Pour réduire l'analyse à l'essentiel, il est plus simple de se limiter au seul contact avec le sol.

Affirmer qu'on peut rester immobile quelque part sur la surface terrestre, là où l'on se trouve, est d'une banalité telle que la plupart des personnes n'y prêtent vraiment aucune attention. C'est vrai pour tout objet, comme un verre posé sur une table horizontale. Il est soumis à son poids et à la réaction de la table. Si leur somme est bien nulle, le référentiel est inertiel. L'est-elle ? D'après les lois de l'attraction universelle, un astre sphérique et homogène comme la Terre génère une accélération de la pesanteur **g** à symétrie sphérique, donc dirigée vers son centre et de module g constant en tout point de sa surface. Les mesures montrent que ce n'est pas le cas. Sa direction et son module varient avec la latitude. À Paris, elle fait un angle de 0,1 degré avec la verticale et g vaut 9,81 m/s^2 au lieu des 9,83 attendus. Écarts faibles, mais parfaitement significatifs vu la précision des mesures. Ils ne peuvent s'expliquer ni par l'aplatissement des pôles ni par des différences d'altitude, ni par des inhomogénéités dans la répartition des masses terrestres sous-jacentes. Ces effets sont légitimement ignorés dans nombre d'applications. Pourtant, si on réfléchit aux fondamentaux, ils sont révélateurs d'une inadéquation de notre intuition : la symétrie invoquée ne peut être sphérique, car la rotation de la Terre autour de son axe crée de ce fait une direction privilégiée, celle de l'axe de rotation. La symétrie est basiquement cylindrique.

La verticale apparente, celle donnée par le fil à plomb, ne passe donc pas par le centre de la Terre. Surprenant ? Pas plus que cette affirmation équivalente : l'horizontale apparente, matérialisée par exemple par l'eau dormante d'un étang, n'est pas dans le plan tangent à la terre. L'équilibre du verre posé sur la table nécessite donc une légère inclinaison de la réaction. Elle ne fait que révéler l'existence universelle du frottement. Sans ce frottement, le verre ne pourrait pas rester en équilibre et glisserait. Alors, inertiel ou pas ce référentiel terrestre puisque la résultante des forces est apparemment nulle ?

Pour éliminer la variable frottement qui complique l'analyse, considérons le cas d'un satellite géostationnaire. Loin des autres astres et de l'atmosphère terrestre, il n'est soumis qu'à son poids. Comme son nom l'indique, il est immobile dans le référentiel local (géostationnaire signifie situé en permanence sur la verticale à environ 36.000 kilomètres d'altitude). Fixe et soumis à une seule force ! Là, il est clair que le référentiel local ne peut pas être inertiel.

Alors, si le poids du verre n'est pas vertical, c'est qu'il existe un effet modifiant la direction de la pesanteur locale (nous verrons un peu plus loin qu'il est dû à l'accélération d'entraînement qui introduit non pas une force, mais une pseudoforce dans le bilan dynamique poids plus réaction). Comme g est minimal à l'équateur et maximal aux pôles, on incrimine évidemment la rotation journalière de la Terre. Si elle tournait plus vite autour de son axe, le verre pourrait être éjecté de la table comme des objets posés sur un plateau tournant à vitesse suffisamment élevée et des personnes sensibles pourraient même ressentir des nausées comme dans les manèges rotatifs.

Mais est-ce bien la Terre qui tourne sur elle-même ou l'Univers observable qui tourne autour d'un axe passant par la Terre ? Poser la question à notre époque n'a bien sûr plus de sens. Pourtant, elle a déchaîné les passions et les excès au cours des siècles passés, la plupart du temps pour des raisons non scientifiques. Effectivement, tous les jours, nous voyons le Soleil tourner autour de la Terre et les étoiles décrire des trajectoires circulaires centrées sur l'axe de la Terre passant par l'étoile Polaire (une photographie nocturne en longue pose le prouve aisément). Pour nous, Terriens, il est « évident » visuellement que notre Univers tourne autour d'un axe passant exactement par la Terre ! Quoi de mieux que cette particularité pour justifier d'un point de vue géocentrique ? Méfions-nous encore une fois ! D'abord parce que nous savons que les mouvements sont relatifs. Ensuite, les trajectoires de certaines planètes du système solaire sont en contradiction avec les observations précédentes (vues de la terre, elles semblent quelquefois rebrousser chemin). Alors, où est la vérité ? Le fait que les effets cités soient réels indique que nous sommes bien soumis à cette accélération axifuge qui nous fait peser moins à l'équateur qu'au pôle. Cela accrédite la thèse de la rotation de la Terre sur elle-même. C'est la fameuse expérience du pendule de Foucault (Panthéon, Paris, 1851) qui le prouvera définitivement.

PRINCIPE DE LA DYNAMIQUE NEWTONIENNE

C'est l'Anglais Newton (1642-1727) qui a posé les bases quantitatives de la mécanique classique. Le principe fondamental de la dynamique, **f=ma**, non connu à l'époque de Galilée, énonce la proportionnalité entre la force appliquée **f** et l'accélération **a** subie par un mobile ponctuel de masse m, *l'accélération étant mesurée par rapport à un inertiel*. Il englobe le principe de Galilée puisqu'un objet soumis à aucune force (**f=0**) a une accélération nulle, donc reste soit immobile soit en mouvement rectiligne uniforme. L'intégration de cette équation différentielle, analytiquement quand c'est possible sinon numériquement, mène à la vitesse et à la trajectoire, permettant ainsi la comparaison à l'expérience.

Ne faisant appel à aucun inertiel particulier, ce principe implique que masse, force et accélération soient les mêmes dans tous les inertiels. Y mesurer la même accélération **a** n'est évidemment possible que s'ils sont tous en translation rectiligne uniforme les uns par rapport aux autres. Selon cette propriété, il est ainsi possible de définir l'inertiel comme un référentiel dans lequel cette relation est valable ou de définir la force comme entité modifiant la vitesse (en direction ou en grandeur) d'un mobile dans un inertiel…

Ce principe permet-il de rendre compte des réalités terrestres observées : la verticale apparente non radiale, la variation de l'accélération apparente de la pesanteur avec la latitude, le sens des alizés, l'érosion des fleuves boréaux plus prononcée sur leur rive droite, le sens des courants maritimes, l'enroulement des cyclones et la déviation vers l'est des corps en chute libre ? Pour répondre à cette question, il est nécessaire de se référer à un inertiel. Nous savons que celui local ne l'est pas. Alors que choisir ? L'idée étant de s'affranchir de la rotation terrestre, le référentiel géocentrique (placé au centre de la Terre) et muni d'axes pointant vers des étoiles très lointaines (donc a priori de directions fixes) est un candidat potentiel. Il n'est pas strictement inertiel, car son centre décrit une ellipse dont le Soleil est un foyer. De ce fait, il ne peut être en translation rectiligne même si cette dernière est quasiment uniforme. Mais nous allons voir qu'il permet d'expliquer les effets précités de manière vraiment satisfaisante.

Comment ? Le moyen ne relève pas de la physique, mais de la géométrie. C'est par changement de système de coordonnées que s'introduisent les forces d'inertie dans les écritures. Par exemple, l'accélération d'un point du plan x,y exprimée en coordonnées polaires ρ,φ comprend des termes en $\dot{\rho}\dot{\varphi}$ et $\rho\dot{\varphi}^2$ caractéristiques d'une inertie d'entraînement et de Coriolis, le point sur les variables signifiant une dérivation par rapport au temps.

Le référentiel local R' de centre O' est en rotation par rapport au référentiel géocentrique R supposé inertiel de centre O. On n'y mesure pas la même accélération. Il suffit de dériver deux fois par rapport au temps (t'=t) la relation vectorielle donnant la position du mobile M

$$OM=OO'+O'M$$

pour aboutir à

$$a=a'+a_e+a_c$$

Dans la dérivation de **O'M**, ce sont à la fois les coordonnées de M dans R' qui dépendent du temps et la base locale sphérique par son orientation vis-à-vis de R. Nous ne développerons pas les calculs menant à ce résultat. Ils figurent dans tous les manuels de Mécanique du point. S'introduisent ce qu'on appelle l'accélération d'entraînement a_e et l'accélération de Coriolis a_c du point M qui toutes deux dépendent de la rotation citée.

Si R est inertiel, alors **f=ma**, si bien que le principe fondamental de la dynamique newtonienne s'écrit dans le non-inertiel R'

$$ma'=f-ma_e-ma_c$$

Les deux derniers termes sont les forces d'inertie (ou mieux les pseudoforces d'inertie, car elles ne résultent pas d'interactions fondamentales, mais d'expressions dimensionnellement homogènes à des forces). Citons par exemple la fameuse force centrifuge qui s'opposerait (vue de R') au poids du satellite géostationnaire. Le satellite est pourtant bien soumis à une force centripète puisqu'il tourne autour de la Terre, ne cessant d'incurver sa trajectoire vers le centre de courbure qui est le centre de la Terre. Pour les variations de l'accélération de la pesanteur apparente $g-a_e$ avec la latitude, c'est le terme $-ma_e$, axifuge par rapport à l'axe de rotation de la Terre qui importe. Les autres effets (déviation vers l'Est par exemple) relèvent de l'accélération de Coriolis.

Tous ces effets sont plus ou moins importants. Pouvoir considérer un référentiel comme inertiel est ainsi une approximation, acceptable ou non selon la durée de l'expérience, son étendue spatiale et la précision souhaitée. Le référentiel terrestre local n'est pas galiléen, mais comme la vitesse de rotation de la Terre sur elle-même est faible (un tour en 24 heures), il est possible de négliger cet aspect dans nombre d'expériences locales ou de courtes durées.

En conclusion, considérer comme inertiel le référentiel géocentrique rend plutôt bien compte des réalités terrestres. La notion d'inertiel n'est donc pas vide de sens. S'il fallait encore raffiner, le centre d'inertie du Soleil ou mieux celui du système solaire ou mieux celui de l'Univers (ou mieux encore son centre de gravité), munis d'axes pointant vers des étoiles très très lointaines seraient des référentiels « de plus en plus galiléens ». Néanmoins, on voit que la définition d'un inertiel semble quelque peu fragile puisque l'existence d'un référentiel absolu n'est ni prouvée ni indiscutable. Nous verrons dans la relativité einsteinienne que les inertiels sont définis (localement) de manière tout à fait différente comme des référentiels en chute libre dans un champ de gravité.

LA TRANSFORMATION DE GALILÉE

Nous avons indiqué que deux référentiels inertiels quelconques R et R' sont nécessairement en translation uniforme et rectiligne l'un par rapport à l'autre. On y mesure la même accélération, la même force et la même masse, mais pas la même vitesse. À un instant t, l'observateur dans R localise un événement ou un mobile ponctuel M par ses coordonnées spatiales x,y,z. Celui dans R' le localise par x',y',z'. S'ajoute cette évidence apparemment indiscutable et vécue que les horloges de R et R' battent à la même cadence pour les deux observateurs (t'=t).

Pour simplifier les écritures, nous considérerons le cas particulier où R' et R sont en translation rectiligne à vitesse constante **u** le long de leurs axes commun x,x', leurs autres axes étant confondus à l'origine t=0 et restant parallèles par la suite (l'homogénéité et l'isotropie de l'espace permettent par des rotations et des translations d'en déduire le cas général). On posera **OO'=ut** où la projection u de **u** sur l'axe des x peut avoir un signe quelconque.

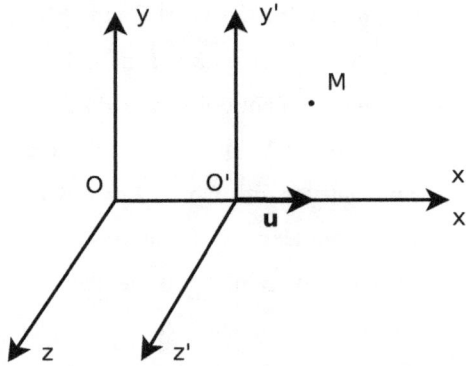

Figure 1 : disposition relative des deux référentiels inertiels à un instant t quelconque. Le vecteur constant **u** est la vitesse de R' par rapport à R.

La relation vectorielle **O'M=O'O+OM** se projette sur les axes selon

$$x'=x-ut,\ y'=y,\ z'=z,\ t'=t$$

Cette transformation linéaire (à laquelle nous avons joint t'=t) est appelée transformation de Galilée. Elle caractérise la physique newtonienne.

Le temps est universel puisque t'=t quel que soit l'endroit. Temps et espace ne sont pas interdépendants. On en déduit (puisque dt'=dt) que deux événements simultanés dans R (dt=0) le sont aussi dans n'importe quel autre inertiel R' (dt'=0), ce qui suppose une transmission instantanée (donc problématique) de l'information. La chronologie des événements est également respectée puisque dt et dt' sont de même signe (dt=dt').

De même, à un quelconque instant donné (dt=dt'=0), on a $dl^2=dx^2+dy^2+dz^2=dx'^2+dy'^2+dz'^2$, ce qui signifie que l'élément de longueur spatiale dl ne change pas et peut être translaté rigidement (sans déformation) d'un endroit à un autre à toute époque. L'étalon de longueur et celui de durée sont donc identiques pour tous les observateurs galiléens et les coordonnées t,x,y,z et t',x',y',z' mesurent effectivement l'espace et le temps. Ainsi un match de football de durée 90 minutes sur un terrain rectangulaire de dimensions 120 mètres sur 90 mètres aura bien cette durée et ces dimensions pour tous les observateurs inertiels, quelles que soient leur localisation et leur vitesse.

En dérivant **O'M=O'O+OM** par rapport au temps, on obtient cette loi simple de composition des vitesses

$$\mathbf{v'=v-u}$$

Si on roule à 130 sur l'autoroute et que quelqu'un roule à 10 km/h de plus que vous, c'est qu'il est à 140. Quelle évidence, non ? Et pourtant… Sûr qu'il y a là un problème, car cette loi d'additivité des vitesses peut mener à des vitesses supérieures à celle de la lumière.

En dérivant à nouveau par rapport à t (**u** est constant), on constate bien que les accélérations du mobile M sont les mêmes (**a'=a**) pour chacun des observateurs, ce qui assure l'invariance de la relation fondamentale de la dynamique newtonienne (**f=ma=ma'**) par transformation de Galilée pour un objet de masse m=m' soumis à une force **f**.

Notons le caractère déterministe du mouvement puisqu'il est régi par une équation. Passé, présent et futur sont liés causalement. Si on connaît les caractéristiques d'une trajectoire à l'instant t, on peut en déduire les conditions initiales, les coordonnées finales ou les caractéristiques du mouvement à n'importe quel autre instant.

Remarque : étonnamment, le comportement d'un système, plus complexe qu'une simple particule, régi par un ensemble de n équations différentielles suffisamment non linéaires peut être imprévisible. Voir à ce sujet les cycles limites et les attracteurs étranges décrits par Poincaré. C'est le cas par exemple pour la météorologie.

Pour finir, le principe fondamental de la dynamique newtonienne, bien que suspect pour ce qui est des actions instantanées à distance et de la loi d'additivité des vitesses, est étonnement opérationnel et puissant, car généralisable aux non-inertiels. Il est suffisant pour expliquer (presque toutes) nos observations et prévisions sur les mouvements de systèmes les plus divers, qu'il s'agisse de pendules couplés ou non, de toupies, de particules chargées, de machines industrielles complexes, de vibrations, de lancers spatiaux, de la Terre ou d'astres à propriétés ordinaires.

Voici un exemple tiré de l'astronomie. Tout le monde sait que les planètes du système solaire décrivent des ellipses dont le Soleil est un foyer. Pourquoi ? C'est la conséquence directe d'une loi d'attraction des masses en inverse du carré de la distance. En injectant cette loi de force dans la relation fondamentale de la dynamique, on obtient une équation différentielle (l'équation de Binet) dont la solution est une trajectoire elliptique stable (pour un problème à deux corps) satisfaisant aux lois de Kepler. Un succès retentissant de la mécanique newtonienne ! Comme les autres planètes du système solaire, Mercure passe régulièrement par une position spatiale où sa distance au Soleil est minimale. C'est ce qu'on appelle le périhélie. Il se trouve que l'orientation de l'axe Soleil-périhélie se décale au cours des révolutions successives… Dommage, tout semblait si bien coller. Alors, c'est cuit ? Pas encore, car le système Soleil-Mercure n'est manifestement pas isolé. Il est perturbé par l'influence gravitationnelle des autres planètes. De plus, le Soleil n'est pas exactement sphérique, car il est en rotation sur lui-même, donc un peu plus renflé à l'équateur qu'aux pôles. Et enfin, c'est un astre non solide, visqueux, formé de gaz quantiques à haute température. Corrections faites, on obtient une avance du périhélie de 530 secondes d'arc par siècle. Les mesures donnent 573 secondes d'arc. A priori, un succès ! Bof, cet écart de 43 secondes d'arc par siècle, c'est si petit qu'on se demande bien si c'est significatif. Hélas, vu la stupéfiante précision des mesures de l'astronomie, oui. Le diable se cache bien dans les détails. Les astronomes de l'époque commencèrent par attribuer cet écart à la présence d'une planète inconnue (Vulcain) située entre le Soleil et Mercure, mais Vulcain ne fut jamais observé. Il fallut donc se rendre à l'évidence : cet écart indique clairement que la mécanique newtonienne montre là ses limites. Malgré toute sa puissance explicative par ailleurs, elle doit n'être qu'une approximation d'une théorie plus générale. C'est la relativité générale qui fournira (beaucoup plus tard) une explication convaincante de ce décalage.

Les physiciens se doutaient bien que la mécanique classique aurait du mal à résister aux connaissances nouvelles. Déjà que des forces puissent s'exercer à distance… Comment est-ce possible ? Ce principe de l'action-réaction, appliqué par exemple à l'ensemble Terre-Lune, qui stipule qu'à tout instant, la Lune attire la Terre avec exactement la même force que la Terre attire la Lune (Terre et Lune ont le même poids instantané si le système Terre-Lune est supposé isolé), alors qu'elles sont séparées de 400.000 kilomètres ! Cela sous-entend une propagation instantanée de l'interaction gravitationnelle, c'est-à-dire une vitesse infinie… Et là, les physiciens pensent immédiatement à la vitesse de la lumière. D'ailleurs, c'est de l'électromagnétisme que viendra le coup fatal.

Il n'y a pas que la mécanique classique qui soit sur les charbons ardents à cette époque. Nombre d'observations échappent à la description classique. Il en est ainsi du rayonnement du corps noir (four thermique) dont personne ne peut expliquer le profil de la densité d'énergie lumineuse en fonction de la fréquence, de l'effet photoélectrique dont le seuil énergétique est inexplicable, de la spectroscopie qui révèle des raies discontinues dont les positions sont souvent additives et de la physique atomique qui échoue à expliquer la stabilité de l'atome.

L'introduction de concepts révolutionnaires au début du vingtième siècle permettra de résoudre ces difficultés en relayant la physique classique au rang d'approximation, raisonnablement justifiée pour les faibles vitesses, pour le monde macroscopique et pour une gravitation faible.

LA TRANSFORMATION DE LORENTZ

La théorie de la relativité restreinte date de 1905. Elle est qualifiée de restreinte, car applicable uniquement aux référentiels inertiels.

Les équations de Maxwell de l'électromagnétisme sont déjà connues et font intervenir une vitesse par l'intermédiaire de la perméabilité magnétique et de la constante diélectrique du vide. Sa valeur numérique proche de 300.000 km/s l'identifie à celle de la lumière, déjà mesurée et notée c. Sans le chercher, Maxwell a ainsi prouvé que la lumière est une onde électromagnétique. Mais l'intérêt et le problème sont ailleurs. Que le vide, qui logiquement est caractérisé par l'absence de matière et d'énergie, possède des constantes est certes quelque peu surprenant, mais ce qui gêne fondamentalement les physiciens, c'est que cette vitesse c, déterminée uniquement par des constantes scalaires, ne soit donc aucunement relative à un référentiel. De là naît l'idée qu'il existe pour la mesurer un milieu intrinsèque, le fameux éther. Après tout, les autres phénomènes ondulatoires nécessitent bien la présence de milieux comme l'air ou l'eau pour se propager. Mais là, l'éther doit être à la fois très rigide pour permettre une vitesse de propagation si élevée (et qui plus est d'ondes transverses), mais en même temps suffisamment fluide pour ne pas perturber le mouvement des planètes... Les expériences de Michelson et Morley (de 1881 à 1887) permettent de conclure que l'éther est une fausse bonne idée. Alors, soit les équations de Maxwell sont fausses, ce qui est contraire à l'expérience, soit c est une constante dans tous les inertiels, ce qui est contraire à la mécanique classique. En effet, nous avons vu que la transformation de Galilée implique que si v=c dans R, elle sera c-u dans R', donc différente et même supérieure si u est négatif. Impasse…

Impasse avérée mathématiquement par le fait que les équations de Maxwell ne sont pas invariantes par transformation de Galilée, ni d'ailleurs les équations de propagation. Cela signifie que l'électromagnétisme n'est pas compatible avec la physique classique. Un aspect surprenant pour l'époque, car la mécanique newtonienne a déjà été utilisée avec succès (expériences de Millikan par exemple) pour déterminer la charge élémentaire ou les trajectoires de particules chargées, accélérées ou déviées par des champs (du moins, ce qui n'est pas encore connu en ce début du vingtième siècle, tant que les vitesses mises en jeu sont très inférieures à celle de la lumière).

Il n'y a pas que cela. Nous n'avons pas soulevé ce lièvre lors de la transformation de Galilée, mais il existe des forces qui dépendent de la vitesse. Celles de frottement, proportionnelles à une certaine puissance de la vitesse, ne posent pas de problème, car la vitesse impliquée est celle du déplacement de la particule relativement à son milieu. Étant relative, elle ne dépend pas de l'observateur. Par contre, la force de Lorentz, $f=q(\mathbf{E}+\mathbf{v}\times\mathbf{B})$, subie par une particule chargée se déplaçant dans un champ électromagnétique $\mathbf{E},\mathbf{B}$ dépend de sa vitesse $\mathbf{v}$, donc de l'observateur inertiel choisi. Problème donc… En fait, l'analyse est plus compliquée qu'il n'y paraît, car q intervient. Ce n'est pas sa valeur qui est en cause, car la charge d'une particule ne dépend pas de sa vitesse (sinon elle changerait avec l'agitation thermique c'est-à-dire avec la température). C'est un invariant relativiste (q'=q). La complication vient du fait que les sources du champ électromagnétique sont les charges et les courants. Tel observateur verra ainsi la charge immobile et tel autre cette même charge en mouvement (donc comme un courant). Le champ électromagnétique dépend donc aussi de l'observateur. C'est l'électrodynamique relativiste c'est-à-dire la relativité restreinte appliquée à l'électromagnétisme qui permettra de comprendre.

TRANSFORMATION DE LORENTZ

Einstein, alors âgé de 26 ans, recherche une transformation plus générale que celle de Galilée, qui laisserait invariantes les lois de la physique et la vitesse de la lumière mesurée par des observateurs inertiels se déplaçant à des vitesses différentes. Avec le risque de remettre en cause le pilier de la physique classique qu'est la relation fondamentale de la dynamique newtonienne. Ses expériences de pensée lui ont déjà fait comprendre que les notions de simultanéité et de temps allaient être bouleversées. En voici deux bien connues.

Un voyageur assis dans un wagon se déplace à la vitesse u par rapport au chef de gare immobile sur le quai. Si le voyageur allume une lampe située au milieu du wagon de longueur 2L, un rayon de lumière horizontal atteindra, pour lui, les parois gauche et droite simultanément au bout du temps L/c. Pour le chef de gare, la lumière met un certain temps t_d pour atteindre la paroi droite, temps pendant lequel le wagon se déplace de ut_d si bien que la lumière parcourt la distance $L+ut_d$ à la vitesse c (la vitesse de la lumière a la même valeur c pour le voyageur et pour le chef de gare). On a donc $L+ut_d=ct_d$ c'est-à-dire $t_d=L/(c-u)$ et par le même raisonnement pour la paroi gauche, $t_g=L/(c+u)$ qui est différent de t_d. Il n'y a plus de simultanéité ni de chronologie absolue des événements, car $\Delta t=t_d-t_g=2uL/(c^2-u^2)$ n'est pas nul et son signe est celui de u. Ces notions dépendent donc de l'observateur.

Une autre expérience de pensée plutôt insolite concerne Einstein courant à la vitesse de la lumière en se regardant dans un miroir. S'il se voit dans le miroir, c'est que les photons émis par son visage rattrapent le miroir. Ils se déplacent donc plus vite qu'Einstein lui-même qui a déjà la vitesse c. Donc problème ! S'il ne se voit pas, c'est que les photons émis n'atteignent pas le miroir. Or, ils ont pourtant la vitesse c par rapport à lui (même vitesse dans tous les référentiels), mais ne s'éloignent pas de lui ! Une autre manière de l'exprimer est celle-ci : pendant la durée dt, ils s'éloignent de lui de la distance cdt qui étant nulle, fournit dt=0. Comme si le temps s'était figé...

La transformation recherchée par Einstein porte le nom de transformation de Lorentz, car c'est Lorentz qui a initié ce genre d'idée et de calcul. On peut cependant souligner la contribution majeure de Poincaré en ce domaine.

Comme pour la transformation de Galilée, on particularise la description au cas du « boost » : les deux inertiels R et R' confondus à l'origine des temps, R' en translation rectiligne uniforme de vitesse algébrique u par rapport à R, le long de l'axe commun des x et x', leurs autres axes restants parallèles (voir la figure 1). Le cas général peut être obtenu en composant des transformations (rotations et translations dans R^3) qui forment le groupe de Lorentz.

L'observateur lié à R caractérise un évènement ou un mobile par la date et le lieu, c'est-à-dire par les coordonnées ct,x,y,z et celui lié à R' par ct',x',y',z'. Bien que temps et espace soient de natures différentes (on peut reculer dans l'espace, mais pas dans le temps), on utilise ct et ct' comme coordonnées plutôt que t et t' par souci d'homogénéité dimensionnelle.

Notons bien que la transformation cherchée ne s'appuie pas sur t'=t, mais sur la constatation expérimentale c'=c. Elle doit aussi satisfaire le principe de relativité de Galilée (un mouvement rectiligne uniforme doit le rester vu de tout inertiel).

Ce problème mathématique n'a de solution que si la transformation cherchée est linéaire vis-à-vis de l'espace et du temps. Il existe plusieurs démarches pour l'établir. Voici le résultat correspondant à ce « boost », appelé transformation spéciale de Lorentz.

$$ct'=\gamma(ct-\beta x)$$
$$x'=\gamma(x-\beta ct)$$
$$y'=y$$
$$z'=z$$
avec $\beta=u/c$ et $\gamma=(1-\beta^2)^{-1/2}$

Il est facile de vérifier que les conditions précitées sont bien satisfaites par ces relations. En particulier, $x'=ct'$ (mouvement rectiligne uniforme d'un photon pour R') entraîne $x=ct$ (mouvement rectiligne uniforme à la même vitesse pour R).

Avant de commenter, on peut remarquer, ce qui facilite la mémorisation que les permutations de x et ct et de x' et ct' laissent invariantes ces expressions. D'autre part, la présence du paramètre β dans la racine carrée implique que la vitesse u ne puisse dépasser celle de la lumière qui est ainsi une limite supérieure.

Les expressions trouvées indiquent que temps, espace et vitesse sont liés, ce qui est bien normal. Ainsi x' dépend-il logiquement de t et de u, mais pas comme dans la transformation de Galilée, car un facteur multiplicatif γ s'est introduit. Mais on se perd en conjectures en découvrant que t' n'est pas égal à t et dépend de x et de u…

LE TEMPS PERD SON CARACTÈRE ABSOLU

Difficile à accepter, car personne n'a jamais constaté de variation du rythme de son vieillissement à cause de sa vitesse ou de sa localisation, sauf évidemment pour des raisons autres (altitude, climat, nourriture, qualité de l'air, etc.). Peut-être ne se déplace-t-on pas assez vite pour que cet effet soit visible. Mais si tel est bien le cas, provoquer une collision à telle heure et à tel endroit avec des particules élémentaires se déplaçant très vite et loin semble une gageure... Temps et espace étant intimement liés, il faut désormais, comme Minkowski, parler d'espace-temps et non pas d'espace et de temps. On attend donc avec circonspection et surtout avec intérêt des expériences ou des observations qui puissent confirmer ces vues. Un point rassurant toutefois est que la transformation de Lorentz se réduit à celle de Galilée dans le cas où β est petit, c'est-à-dire pour les vitesses faibles devant c.

CONSÉQUENCES SPATIO-TEMPORELLES

Elles sont bien connues, mais pas toujours bien comprises, car déroutantes.

La transformation de Lorentz étant linéaire, les relations précédentes restent valables pour des variations finies Δ. On écrira ainsi

$$c\Delta t' = \gamma(c\Delta t - \beta\Delta x)$$
$$\Delta x' = \gamma(\Delta x - \beta c\Delta t)$$
$$\Delta y' = \Delta y$$
$$\Delta z' = \Delta z$$

Nous nous servons de ces expressions pour la discussion.

Perte de la simultanéité. Causalité

L'isotropie de l'espace permet de synchroniser deux horloges d'un même référentiel, par exemple à l'aide de signaux optiques. Dans le référentiel R, considérons deux événements simultanés ($\Delta t = 0$) se produisant en deux points distincts ($\Delta x \neq 0$), par exemple une onde lumineuse qui atteint deux points situés à égale distance de la source. La première des relations précédentes indique alors que $\Delta t'=-\beta\gamma\Delta x$, valeur qui n'a aucune raison d'être nulle. Deux événements simultanés pour l'observateur de R ne le sont plus pour celui de R' ! C'est bien ce que nous avait indiqué la première expérience de pensée. La notion de simultanéité n'a pas de sens absolu (sauf si les événements se produisent au même endroit, car $\Delta x=0$ entraîne alors $\Delta t'=0$). Pire ! Un $\Delta t'$ négatif signifie que la chronologie de deux événements est inversée pour R'. R voit l'événement A se produire avant l'événement B tandis que R' voit B se produire avant A. Déroutant... Alors, une relation de causalité pourrait aussi être inversée ? Pour l'observateur de R', la cause viendrait après l'effet... (par exemple, la douleur surgirait avant la piqûre ou le but serait marqué avant que le penalty ne soit tiré ou le fils naîtrait avant le père, ou le passé viendrait après le futur, etc.). Cet aspect abondamment utilisé par la science-fiction est en fait irrecevable. En effet, si A et B sont en relation de causalité dans R, c'est qu'une information a pu se transmettre de A à B à une vitesse au plus égale à c. Leur séparation spatiale est donc telle que $\Delta x<c\Delta t$. Supposons-la positive pour fixer les idées. Si $c\Delta t'=\gamma(c\Delta t-\beta\Delta x)$ est négatif, alors $c\Delta t<\beta\Delta x$. La comparaison des deux inégalités mène à $\Delta x<\beta\Delta x$ c'est-à-dire à $\beta>1$ ce qui correspond à une vitesse supérieure à celle de la lumière. Il est ainsi impossible d'inverser temporellement une relation de causalité (mais il est possible d'inverser la chronologie de deux événements non reliés causalement simplement en changeant de site d'observation). C'est une conséquence de la propagation à vitesse finie de la lumière.

Contraction des longueurs

Dans R, supposons une règle immobile de longueur $l=\Delta x$. C'est, quel que soit t, sa longueur propre). Quelle est la longueur perçue par l'observateur de R' *à un instant t'* ? En faisant donc $\Delta t'=0$ dans les équations précédentes, on déduit l'=l/γ. Comme γ est supérieur à un, la règle paraît plus courte pour l'observateur en mouvement par rapport à la règle, qu'il s'en rapproche ou qu'il s'en éloigne puisque γ dépend du carré de u. Cette contraction des longueurs s'applique aux longueurs dans le sens de la vitesse relative **u**. Remarquons que la conclusion est réciproque : si pour l'observateur de R' une règle fixe a une longueur donnée l'=Δx', l'observateur de R verra, à son instant t, une longueur l=l'/γ donc plus petite que l'. Alors, imaginez la discussion musclée entre le géomètre de R et celui de R' !

En passant, on tire puisque Δy'=Δy et Δz'=Δz, que l'élément de volume paraîtra lui aussi réduit par le facteur γ pour l'observateur en mouvement par rapport à cet élément de volume. Cela signifie par exemple que les densités de charge seront également changées. Contrairement à la charge q, la densité de charge n'est pas un invariant relativiste.

Dilatation du temps

L'observateur dans R dispose d'une horloge qu'il place en un certain endroit (Δx=0). Elle mesure son temps propre. Là, deux événements (par exemple deux bips) sont séparés par une certaine durée Δt. Quelle est la durée perçue par l'observateur de R' ? De la première équation on tire Δt'=γΔt donc une durée supérieure. Le temps est dilaté (pour R', l'horloge de R prend du retard et peut même s'arrêter si la vitesse u est égale à celle de la lumière). La conclusion est encore réciproque. Si l'horloge fixe (Δx'=0) de R' mesure une durée Δt' entre deux événements, dans R elle sera Δt=γΔt', donc supérieure. Alors, pour se répéter, imaginez la discussion musclée entre le chronométreur de R et celui de R' !

Remarque : c'est toujours une dilatation du temps et une contraction des longueurs que l'on observe *chez les autres*. Comme dilatation du temps et contraction des longueurs se compensent par l'intermédiaire du facteur γ, cela peut s'interpréter comme une conservation de l'élément de « volume » de l'espace-temps c'est-à-dire cdt'dx'dy'dz'=cdtdxdydz.

Cet effet surprenant de dilatation du temps n'est pas une vue de l'esprit. Il est devenu banal de le vérifier dans les grands accélérateurs avec des particules rapides et instables dont la durée de vie est ainsi fortement augmentée. Au LHC de Genève (Large Hadron Collider), l'accélérateur le plus puissant du monde, le facteur γ peut atteindre la valeur de 7500 environ, ce qui correspond pour les protons à une énergie de 7 Tev (1 Tev=10^{12} électronvolt). L'effet est plus difficile à vérifier lorsque les vitesses mises en jeu sont faibles. Néanmoins, la comparaison d'horloges atomiques ultraprécises embarquées dans des avions volant autour de la Terre a bien montré le décalage attendu par rapport à une horloge restée au sol (seulement quelques dizaines de nanosecondes par jour). Pour ce genre d'expérience, il faut tenir compte du caractère non inertiel du référentiel terrestre et de l'effet de relativité générale dû à la gravitation terrestre).

Une autre illustration convaincante de la dilatation du temps concerne un phénomène naturel. Des mésons ultrarelativistes sont produits dans la haute atmosphère (entre 30 et 50 kilomètres d'altitude) par la collision de rayons cosmiques d'énergie colossale (10^8 Tev !) avec des atomes d'oxygène ou d'azote. Leur durée de vie propre voisine de deux microsecondes et leur vitesse proche de c leur permettent a priori de parcourir environ 600 mètres. Or, on les observe à basse altitude et même au niveau de la mer. C'est parce que, pour nous, leur durée de vie est fortement dilatée par leur vitesse proche de c et les distances à parcourir pour atteindre le sol fortement contractées.

Ces effets ont donné lieu à divers pseudoparadoxes largement commentés par ailleurs. Le plus célèbre est celui des jumeaux de Langevin. L'un reste sur la Terre et l'autre voyage dans l'espace à grande vitesse. Pour celui resté sur la Terre, le temps du voyageur est dilaté par le facteur γ si bien que le voyageur vieillit moins vite. Mais comme la notion de mouvement est relative, le voyageur voit son jumeau s'éloigner aussi à grande vitesse et conclut que son jumeau vieillit moins vite. Il semble y avoir une parfaite symétrie entre les deux jumeaux. Si tel n'était pas le cas, les deux inertiels ne seraient pas équivalents puisqu'on pourrait les distinguer par une expérience (une mesure de durée dans ce cas), ce qui serait contraire au principe de relativité. Il n'y a là pas de contradiction et la théorie de la relativité restreinte est bien cohérente. La difficulté apparaît quand les jumeaux se retrouvent sur Terre et comparent avec un intérêt bien compréhensif leurs horloges et leurs aspects physiques. Ont-ils le même âge ou non ? Comme le jumeau terrestre n'a rien changé de son mouvement, sa trajectoire dans l'espace-temps a été simple. Mais pas celle du voyageur. Il a d'abord été accéléré pour atteindre sa vitesse de croisière et a ensuite voyagé à cette vitesse pendant un certain temps (propre). Quand il décide de rentrer, il doit changer sa vitesse de signe, soit en freinant jusqu'à l'arrêt puis en accélérant à nouveau en sens inverse jusqu'à la bonne vitesse, soit en suivant une trajectoire curviligne à vitesse scalaire constante jusqu'à être dans la bonne direction. Dans les deux cas, il subit une accélération et son référentiel n'est plus inertiel. De plus, son inertiel de retour est différent de celui de l'aller. La situation n'est donc pas symétrique pour les deux jumeaux.

Si on suppose courtes devant la durée du voyage les périodes d'accélération (départ, retournement et arrivée), le temps propre du voyageur sera déterminé

par la valeur du facteur γ. Si par exemple la vitesse du voyage s'effectue à 0,8c, alors γ=10/6 ce qui signifie par exemple que la durée de séparation est de 10 ans pour le jumeau resté sur Terre, mais seulement de 6 ans pour le voyageur… Rappelons que les horloges atomiques embarquées à bord d'avions tournant autour du globe confirment bien cet effet surprenant de dilatation du temps.

L'aspect pour le moins insolite de toutes ces considérations et conclusions qui mêlent théorie et expériences réelles ou de pensée a de quoi perturber le lecteur. Encore plus s'il pense à la mesure des grandeurs. En effet, émerge de cette brève étude une impression de cacophonie complète en ce qui concerne la métrologie. Quelles seront les vraies dimensions du terrain de foot dont nous avons parlé et quelle sera la durée du match ? Pour les autres, le terrain sera plus petit et le match plus long ! Chaque observateur déterminant une longueur et une durée différentes de celles des autres, c'est un langage de sourds qui remplace l'objectivité ! Qui a raison ou qui privilégier ou est-il possible de trouver un terrain d'entente ? Ce n'est pas seulement le mouvement qui est relatif maintenant, ce sont le temps et l'espace. Temps et espace étant étroitement reliés, on ne peut pas définir séparément un étalon de longueur $dl=(dx^2+dy^2+dz^2)^{1/2}$ et un étalon de durée dt comme en physique classique. Dans le langage de la relativité, t,x,y,z ne sont que les coordonnées d'un événement et n'ont plus leur signification physique habituelle de temps et de distance de la physique galiléenne. Il faut élaborer un élément qui contienne les deux à la fois et qui soit le même pour tous les observateurs (l'élément d'espace-temps). C'est l'objet du paragraphe suivant.

QUADRIVECTEURS

Nous allons d'abord exposer sommairement quelques notions et propriétés indispensables à une bonne compréhension de la suite.

Définition

On peut imaginer que les coordonnées ct,x,y,z soient les composantes d'un vecteur généralisé Q nommé logiquement quadrivecteur, appartenant à un espace vectoriel à 4 dimensions (l'espace-temps). Comme la transformation de Lorentz est linéaire, il est pratique d'en symboliser ses quatre relations par une seule, en utilisant la notation indicielle suivante

$$Q'^{\mu}=L^{\mu}_{\nu}Q^{\nu}$$

où les lettres grecques μ et ν sont des indices entiers (et non pas des exposants) prenant la valeur 0 pour la coordonnée temporelle et respectivement 1,2,3 pour les coordonnées spatiales. Cette écriture utilise la très pratique convention d'Einstein qui veut qu'un même indice figurant une fois en position haute et une fois en position basse (un tel indice est dit muet) signifie une sommation implicite sur cet indice. En clair, pour chaque valeur de μ, la notation précédente signifie

$$Q'^{\mu}=L^{\mu}_{0}Q^{0}+L^{\mu}_{1}Q^{1}+L^{\mu}_{2}Q^{2}+L^{\mu}_{3}Q^{3}$$

ce qui s'interprète comme un simple produit matriciel. Rangeons les 16 valeurs possibles des L^{μ}_{ν} (de L^{0}_{0} à L^{3}_{3}) dans un tableau de 4 lignes (μ est l'indice de ligne) sur 4 colonnes (ν est l'indice de colonne). Ce sont les éléments de la matrice de Lorentz L. Avec $Q^{0}=ct$, $Q^{1}=x$, $Q^{2}=y$, $Q^{3}=z$ et parallèlement $Q'^{0}=ct'$, $Q'^{1}=x'$, $Q'^{2}=y'$, $Q'^{3}=z'$, il est facile de constater que la matrice de Lorentz est symétrique et a pour expression

$$L = \begin{pmatrix} \gamma & -\beta\gamma & 0 & 0 \\ -\beta\gamma & \gamma & 0 & 0 \\ 0 & 0 & 1 & 0 \\ 0 & 0 & 0 & 1 \end{pmatrix}$$

Les quadrivecteurs sont notés avec un indice de ligne (haut) qualifié de contravariant. Q'^μ et Q^ν se comportent comme des matrices colonne de 4 lignes. Le déterminant de L (égal à $\gamma^2 - \beta^2\gamma^2$) valant 1, l'opération qui fait passer de Q à Q' est une isométrie : elle change les composantes du quadrivecteur, mais elle ne change pas sa norme (la norme sera définie plus loin). Les curieux pourront d'ailleurs vérifier en posant $\beta = \text{th}(\theta)$, où th est le symbole de tangente hyperbolique, que la transformation de Lorentz est une rotation d'angle θ dans l'espace-temps (difficile à se représenter !). Une rotation dans l'espace à trois dimensions conserve la norme d'un vecteur, une rotation dans l'espace-temps conserve la norme d'un quadrivecteur (mais pas sa norme spatiale).

Matrice de Lorentz inverse

Pour obtenir la transformation inverse, il suffit d'exprimer ct,x,y,z en fonction de ct',x',y',z' à partir des relations de la transformation de Lorentz. D'où

$$ct = \gamma(ct' + \beta x')$$
$$x = \gamma(x' + \beta ct')$$
$$y = y'$$
$$z = z'$$

Ces relations montrent qu'il suffit de changer le signe devant β pour obtenir la matrice de Lorentz inverse L^{-1}, elle aussi de déterminant unité.

$$L^{-1} = \begin{pmatrix} \gamma & \beta\gamma & 0 & 0 \\ \beta\gamma & \gamma & 0 & 0 \\ 0 & 0 & 1 & 0 \\ 0 & 0 & 0 & 1 \end{pmatrix}$$

Covecteur

On remarque que le produit $\beta\gamma$ (avec le signe plus) serait également apparu si l'on avait changé x en $-x$ plutôt que β en $-\beta$, ce qui incite à considérer le quadruplet dont les composantes spatiales sont changées de signe (ct,-x,-y,-z). Effectivement, on constate qu'il se transforme de R vers R' non pas par la matrice de Lorentz, mais par la matrice inverse. Ce n'est donc pas un quadrivecteur bien que son expression en soit proche et qu'on le désigne encore par la lettre Q. On le nomme covecteur et on l'écrit avec un indice bas dit covariant. Symboliquement,

$$Q'_\mu = L^{-1}{}^\nu_\mu Q_\nu$$

Dans Q_ν, ν est un indice colonne si bien que, vu d'un point de vue matriciel, le covecteur se présente comme une ligne (une ligne, 4 colonnes).

Remarque : ce que nous venons de présenter comme une commodité de notation cache en fait une mathématique élaborée touchant aux espaces vectoriels, à leur dual, au tenseur métrique et aux concepts de contravariance et de covariance. Le lecteur intéressé par ces aspects mathématiques pourra consulter des ouvrages spécialisés.

Produit scalaire

Introduire les notions de quadrivecteur et de covecteur n'est pas uniquement pour compacter les écritures. L'intérêt réside dans la possibilité de définir une métrique par le produit scalaire de deux quadrivecteurs et donc la norme d'un quadrivecteur.

Soit deux quadrivecteurs P et Q et leurs covecteurs associés. À cause de la sommation sur l'indice μ, l'expression $P_\mu Q^\mu$ est un scalaire, mais est-il véritablement invariant par rotation dans l'espace-temps ? Oui, car P_μ se transformant vers R' sous Lorentz inverse et Q^μ sous Lorentz, le produit précédent contient LL^{-1} c'est-à-dire la matrice unité si bien que $P'_\mu Q'^\mu = P_\mu Q^\mu$. Par définition, c'est le produit scalaire des deux quadrivecteurs. Comme celui de R^3, il est commutatif, algébrique et permet de déterminer normes et angles.

Pour être plus rigoureux et s'initier aux manipulations indicielles, on écrira

$$P'_\mu Q'^\mu = (L^{-1}{}_\mu{}^\rho P_\rho)(L^\mu{}_\sigma Q^\sigma) = L^{-1}{}_\mu{}^\rho L^\mu{}_\sigma P_\rho Q^\sigma = \delta^\rho{}_\sigma P_\rho Q^\sigma = P_\rho Q^\rho$$

car le produit matriciel $L^{-1}{}_\mu{}^\rho L^\mu{}_\sigma$ est égal à la matrice unité notée $\delta^\rho{}_\sigma$ (ses éléments valent 1 si $\rho=\sigma$ et 0 autrement, cf. le symbole de Kronecker). Le dernier terme $P_\rho Q^\rho$ peut aussi s'écrire $P_\mu Q^\mu$ puisque ces indices sont muets.

Norme d'un quadrivecteur

Le produit $Q_\mu Q^\mu$ égal à $Q^\mu Q_\mu$ représente par définition le carré scalaire du quadrivecteur Q^μ c'est-à-dire le carré de sa norme. Il s'écrit

$$Q^0 Q_0 + Q^1 Q_1 + Q^2 Q_2 + Q^3 Q_3$$

Comme $Q_0=Q^0$, $Q_1=-Q^1$ $Q_2=-Q^2$, $Q_3=-Q^3$, c'est le carré de sa composante temporelle à laquelle on *soustrait* la somme des carrés de ses composantes spatiales. Pour les quadrivecteurs espace-temps précédents, on aura

$$c^2t'^2-(x'^2+y'^2+z'^2) \text{ pour Q'}$$
$$c^2t^2-(x^2+y^2+z^2) \text{ pour Q}$$

Nous laissons au lecteur le soin de vérifier, à l'aide des relations de la transformation de Lorentz, que ces deux quantités sont bien égales.

Cône de lumière

Pour l'observateur de R, un flash lumineux émis à t=0 depuis l'origine O atteint un point M situé à la distance r=OM au temps t tel que $ct=r=(x^2+y^2+z^2)^{1/2}$ d'où $c^2t^2-(x^2+y^2+z^2)=0$. Cette équation est celle d'une hypersurface, ici un hypercône de sommet O où t>0 définit le futur pour l'événement ou l'observateur considéré, t=0 son présent et t<0 son passé. L'extérieur du cône ($c^2t^2<x^2+y^2+z^2$) correspond à des événements impossibles (vitesse supérieure à c) et l'intérieur à des événements possibles (des lignes d'univers de particules massiques). La trace du cône dans le plan ct,x permet une visualisation graphique bienvenue, car il est assez difficile de se représenter un espace à quatre dimensions, fût-il euclidien ! Pour un autre observateur comme O', l'équation du cône de lumière est $c^2t'^2-(x'^2+y'^2+z'^2)=0$ puisque cette quantité est invariante. Le cône de lumière est ainsi un invariant géométrique (identique pour tous les observateurs).

37

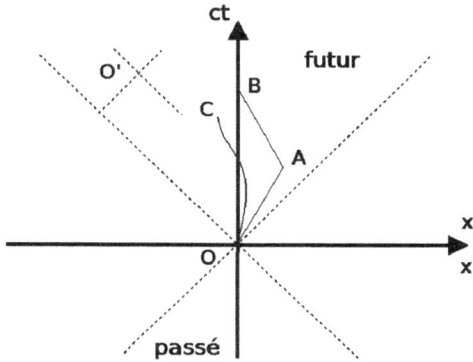

Figure 2 : En pointillé, la trace du cône de lumière dans le plan ct,x. OA correspond à une particule de vitesse constante v, AB aussi (même pente en valeur absolue) et OC à la ligne d'univers d'une particule massique (ou d'un observateur) accélérée ayant repassé en x=0 à une autre époque. Pour l'observateur O', l'équation du cône est identique dans ses propres coordonnées.

Dans ce plan, un événement spatiotemporel est représenté par un point et une succession continue d'événements (comme le mouvement d'une particule ou d'un observateur) par une ligne d'espace-temps encore appelée ligne d'univers. La lumière obéissant à $c^2t^2=x^2$ (c'est-à-dire à ct=±x) a les deux bissectrices passant par O pour lignes d'univers possibles. Une particule massique se déplaçant à une vitesse inférieure à c, c'est-à-dire x<ct, a sa ligne d'univers nécessairement à l'intérieur du cône de lumière, donc située entre les deux bissectrices. Si sa vitesse est constante, x est proportionnel à t et la ligne d'univers est une droite. Sinon (c'est que la particule est accélérée), c'est une courbe dont la tangente en chaque point ne peut être inférieure (en valeur absolue) à celle de l'une ou l'autre bissectrice (cas de la trajectoire OC de la figure 2).

Élément d'espace-temps

Ce qui est vrai pour un intervalle spatiotemporel fini l'est aussi pour un infinitésimal, car la transformation de Lorentz est linéaire. Considérons l'expression

$$ds^2=c^2dt^2-(dx^2+dy^2+dz^2)=dt^2(c^2-v^2)$$

où ds est l'élément d'espace-temps. C'est le produit scalaire de (cdt,dx,dy,dz) par (cdt,-dx,-dy,-dz). Cette expression invariante peut être positive, négative ou nulle. Pour la lumière ds^2 est nul (car v=c) et l'intervalle est dit de genre lumière. Pour une particule massique (v<c), il est positif et qualifié d'intervalle de genre temporel. Autrement, il est spatial ($ds^2<0$).

L'intervalle ds étant la racine carrée de ds^2 n'a de sens que si ds^2 est positif ou nul, c'est-à-dire pour des particules massiques ou pour la lumière. Un ds^2 négatif correspondrait à des particules superluminiques, non avérées, dont les propriétés seraient pour le moins exotiques (masse complexe par exemple).

Temps propre

Le temps propre τ d'une particule ou d'un observateur R est celui indiqué par son horloge fixe. Il dépend de la vitesse. De manière infinitésimale, on le définit par

$$ds^2=c^2d\tau^2$$

d'où ds=cdτ si ds^2 est positif ou nul. Comme le produit scalaire ds^2 est un invariant de Lorentz et que la vitesse de la lumière c est constante, le temps propre de R est invariant, c'est-à-dire le même pour tous les observateurs. Pour tout observateur R' se plaçant sur la particule étudiée et épousant sa vitesse, alors $ds^2=c^2d\tau^2=c^2dt'^2-dr'^2=(c^2-v'^2)dt'^2=c^2dt'^2$ puisque la particule a une vitesse v' nulle par choix du référentiel R'. D'où t'=τ.

dτ ou ds est l'élément d'espace-temps dont nous avions besoin pour unifier les points de vue des observateurs lorentziens.

Quelle est la relation entre la coordonnée temporelle t et le temps propre ? Pour un observateur ou une particule de vitesse v=dr/dt, il vient

$$ds^2=c^2dt^2-dr^2=(c^2-v^2)dt^2>0$$
$$=(1-v^2/c^2)c^2dt^2=\gamma^{-2}c^2dt^2$$
$$\text{d'où } ds=cdt/\gamma=cd\tau$$
$$d\tau=dt/\gamma <dt$$

Le temps propre est en général dilaté (il s'écoule plus lentement) puisque γ est supérieur ou égal à 1 (mais il faudra toujours trois minutes de temps propre à l'observateur en question pour se faire cuire un œuf à la coque !). Si la vitesse est constante, γ l'est aussi et on aura pour des variations finies Δτ=Δt/γ.

Remarque : dans son repère spatial, l'observateur de R est fixe (v=0). Mais dans l'espace-temps (ct,x) il a l'axe ct comme ligne d'univers puisque dx=0. Dans ce cas, dτ=dt/γ=dt puisque γ(v=0)=1. Son temps propre est la coordonnée temporelle t. Pour lui, le temps s'écoule de la manière habituelle. C'est l'arbitre avec son chronomètre et son sifflet sur notre terrain de foot.

Remarque : pour la lumière (première ou seconde bissectrice), γ étant infini, son inverse est nul si bien que dτ=0. Le temps propre est infiniment dilaté c'est-à-dire qu'il ne s'écoule plus.

La figure 2 représente dans le diagramme ct,x la ligne d'univers des jumeaux de Langevin. Le jumeau terrestre décrit OB (axe du temps). Le voyageur décrit d'abord la ligne OA (dx>0,dt>0) à la vitesse constante v, puis décidant de rentrer (à la même vitesse) la ligne AB (dx<0, dt>0, car le temps de Lorentz étant orthochrone ne peut pas changer de sens). Contrairement aux apparences graphiques, *la ligne brisée OA+AB est plus courte que le chemin direct OB*... La distance minkowskienne vérifie ainsi une inégalité triangulaire inverse de celle des distances purement spatiales.

Dans cet exemple des jumeaux, OB direct maximise le temps propre par rapport à un trajet type ligne brisée. Il est possible de généraliser à un chemin en ligne brisée formé de n morceaux et par passage à la limite à un chemin continu dit rectifiable comme le sont les trajectoires. C'est la propriété des géodésiques de l'espace de Minkowski. Les géodésiques sont des courbes (ici des droites) qui maximisent le temps propre (ou l'intervalle ds) entre deux événements reliés causalement, car ds^2 est positif ou nul. Elles sont définies par

$$\delta\left(\int_A^B ds\right) = 0$$

où δ est une variation au premier ordre (le chemin entre deux points quelconques A et B est stationnaire).

Matrice de Minkowski

(pour la petite histoire, le Russe Minkowski a eu Einstein comme élève à l'école polytechnique fédérale de Zurich).

$\eta_{\mu\nu} = \eta^{\mu\nu}$ est la matrice de Minkowski dont les éléments sont tous nuls sauf sur la diagonale où ils valent respectivement $c^2, -1, -1, -1$. Pour faciliter les écritures, on exprime souvent la vitesse de la lumière en seconde-lumière par seconde ou en année-lumière par an ce qui revient dans ces unités dites géométriques à poser $c=1$. C'est pourquoi la matrice de Minkowski est souvent représentée par diag(1,-1,-1,-1). Dans ces conditions ds s'exprime numériquement comme le temps propre $d\tau$.

$$\eta = \begin{pmatrix} 1 & 0 & 0 & 0 \\ 0 & -1 & 0 & 0 \\ 0 & 0 & -1 & 0 \\ 0 & 0 & 0 & -1 \end{pmatrix}$$

Désignons désormais un quadrivecteur simplement par x^μ, le risque de confusion avec une puissance entière de x étant faible. Soit dx^μ le quadrivecteur $(dx^0 = cdt, dx^1 = dx, dx^2 = dy, dx^3 = dz)$ et dx_μ son covecteur $(cdt, -dx, -dy, -dz)$. On vérifie facilement que l'on passe de l'un à l'autre par la matrice de Minkowski

$$dx_\nu = \eta_{\mu\nu} dx^\mu \text{ et } dx^\nu = \eta^{\mu\nu} dx_\mu$$

Son utilisation fait donc monter ou descendre un indice. L'élément d'espace-temps au carré $ds^2 = dx_\nu dx^\nu$ peut ainsi se réécrire

$$ds^2 = \eta_{\mu\nu} dx^\mu dx^\nu$$

Ce produit scalaire qui par définition est invariant de Lorentz est ainsi le même dans tous les référentiels galiléens. $\eta_{\mu\nu}$ caractérise donc la métrique de l'espace-temps de la relativité restreinte qui est plat (sans courbure). Nous verrons qu'il ne convient pas à la relativité générale.

Voilà ! Maintenant nous en savons suffisamment pour développer la cinématique relativiste (vitesses et accélérations), la dynamique relativiste (forces, énergie et quantités de mouvement) et l'électromagnétisme relativiste. La recherche de quadrivecteurs sera évidemment une priorité. Non seulement ils mènent aux invariances signalées, mais ils permettent d'exprimer des lois dans un référentiel inertiel pratique avant de les transposer par Lorentz dans un autre où les calculs directs auraient été bien plus difficiles. De plus, il est possible de pratiquer sur eux des opérations de dérivation, d'intégration et diverses associations (comme on l'a déjà entrevu avec le produit scalaire) formant des objets plus généraux appelés tenseurs. À l'instar de ce que nous avons déjà écrit pour les quadrivecteurs, les tenseurs utilisés en relativité restreinte se transforment de R vers R' ou de R' vers R par une succession de transformations de Lorentz inverses ou non.

Le caractère tensoriel d'une équation est une nécessité pour la physique. Ainsi, écrire $a^\nu = b^\nu$ nous assure que cette équation sera conservée par rotation hyperbolique. Dans cette transformation (qui est celle de Lorentz), les quatre composantes de b^ν changent pour mener à b'^ν, celles de a^ν aussi pour mener à a'^ν, mais à l'arrivée nous aurons toujours égalité entre les deux tenseurs : $a'^\nu = b'^\nu$. C'est ce qu'on appelle la covariance (lorentzienne). Le calcul vectoriel habituellement pratiqué dans R^3 est bien sûr covariant puisqu'il implique des tenseurs d'ordre 1 dans R^3, c'est-à-dire des vecteurs. Il est étendu ici à l'espace-temps R^4.

MÉCANIQUE RELATIVISTE

CINÉMATIQUE

Vitesse

En différentiant les relations de la transformation de Lorentz, on obtient

$$cdt'=\gamma(cdt-\beta dx)$$
$$dx'=\gamma(dx-\beta cdt)$$
$$dy'=dy$$
$$dz'=dz$$

Les composantes de **v'** découlent directement de ces relations. Par exemple, les deux premières permettent de former dx'/dt' qui est v'_x et en divisant le second membre par dt on fait apparaître dx/dt qui est la composante v_x. On obtiendra sans difficulté

$$v'_x=(v_x-\beta c)/(1-\beta v_x/c)$$
$$v'_y=v_y/\gamma(1-\beta v_x/c)$$
$$v'_z=v_z/\gamma(1-\beta v_x/c)$$

Pas plus que la transformation de Galilée, la rotation dans l'espace-temps ne conserve la vitesse puisque $\mathbf{v'}\neq\mathbf{v}$ si u n'est pas nul. Ces lois de composition des vitesses relativistes ne sont plus de simples sommes comme en physique classique (sauf aux faibles vitesses où β est petit). Elles satisfont aux préalables requis :

a) si le mouvement étudié est rectiligne uniforme dans R, les composantes de v ne dépendent pas du temps. D'après les expressions trouvées, celles de v' non plus. Le mouvement est donc également rectiligne uniforme dans R'.

b) si $v_x = c$, on obtient $v'_x = (c - \beta c)/(1 - \beta) = c$. La lumière se propage bien à la même vitesse c dans R et dans R'. C'est vrai quelle que soit u et par continuité valable encore pour u=c. Le photon et R' s'éloignent de R à la vitesse c, mais la vitesse du photon par rapport à R' n'est pas zéro, mais c ! Comprenne qui peut ! En fait, nous comprenons mathématiquement, mais notre intuition et notre logique cartésienne en prennent un sérieux coup...

c) la constance de c reste vraie pour toute autre direction que l'axe des x. Imaginons un astre fixe dans R envoyant un photon vers la Terre dans le sens des y négatifs. Sa vitesse est $v_x = 0$, $v_y = -c$, $v_z = 0$. Pour l'observateur de R', les expressions précédentes donnent $v'_x = -\beta c$, $v'_y = -c/\gamma$, $v'_z = 0$. On vérifie facilement que le module de cette vitesse est bien égal à c.

En fait, ce dernier exemple décrit un phénomène d'aberration relativiste. L'observateur de R' (la Terre) voit le photon arriver non parallèlement à l'axe des y' (ou des y, car ces axes sont parallèles). Il fait un angle ε avec cet axe tel que tg $\varepsilon = v'_x/v'_y = \beta\gamma$. Ce qui équivaut après quelques calculs trigonométriques à sin $\varepsilon = \beta$. La Terre se déplaçant à 30 km/s sur son orbite, cela correspond à un angle ϵ d'environ 20 secondes d'arc. Comme la Terre décrit une trajectoire (presque) circulaire autour du Soleil, les astres semblent décrire en un an un cercle de diamètre apparent 40 secondes d'arc autour de leur direction moyenne. Tous les astronomes savent cela.

Accélération

Une nouvelle dérivation par rapport aux coordonnées t et t' montre que l'accélération **a'** n'a pas une expression simple ou intéressante et n'est pas égale à **a**. L'accélération n'est pas invariante par transformation de Lorentz, ni donc la relation fondamentale de la dynamique, ce qui pose un sérieux problème.

Quadrivecteur vitesse

La vitesse **v** n'est pas un quadrivecteur puisqu'elle n'a que trois composantes. Sa connaissance étant fondamentale tant pour les phénomènes dynamiques qu'électromagnétiques, il est judicieux de savoir si on peut construire ou non un quadrivecteur vitesse. Il semble logique de dériver le quadrivecteur (ct,**r**) par rapport au temps. Cela donne (c,**v**). Manifestement, ce quadruplet n'est pas un quadrivecteur, car son carré scalaire c^2-v^2 n'est pas conservé sous transformation de Lorentz, $c^2-v'^2$ étant différent de c^2-v^2. Comment alors procéder ? Il faut que l'opération pratiquée sur un quadrivecteur lui conserve son caractère quadrivectoriel. Pour cela, on doit utiliser des scalaires, par exemple la masse ou la charge électrique ou des grandeurs invariantes sous Lorentz. Or nous avons dérivé par rapport au temps t. Et t n'est pas un scalaire de Lorentz puisqu'il se change en t' ! C'est une simple coordonnée. Il faut dériver par rapport au temps *propre* τ de la particule. Nous savons que l'observateur de R voit le temps propre de la particule dilaté par le facteur $\gamma(v)=(1-v^2/c^2)^{-1/2}$. Puisque $dt=\gamma(v)d\tau$, dériver par rapport au temps propre revient à dériver par rapport à t et à multiplier le résultat par $\gamma(v)$. On obtient ainsi le quadrivecteur vitesse

$$v^\mu=[\gamma(v)c,\gamma(v)\mathbf{v}]$$

de norme carrée constante puisqu'égale à $\gamma^2(c^2-v^2)=c^2$.

Remarque : le lecteur est invité à vérifier que l'on retrouve bien la correspondance entre les composantes de $\mathbf{v}$' et de $\mathbf{v}$ en utilisant le formalisme indiciel précédent $Q'^\mu=L^\mu_\nu Q^\nu$, avec $Q^0=\gamma(v)c$, $Q^1=\gamma(v)v_x$, $Q^2=\gamma(v)v_y$, $Q^3=\gamma(v)v_z$ et les relations parallèles avec le signe prime. Pour cela, la relation suivante obtenue pour la composante temporelle (indice zéro) devra être utilisée

$$\gamma(v')=\gamma(u)\gamma(v)[1-\beta v_x/c]$$

Attention ! $\gamma(v)$ n'est pas le γ précédent qui, lui, représentait $\gamma(u)$.

DYNAMIQUE RELATIVISTE

La relation fondamentale de la dynamique classique n'étant pas invariante sous changement de référentiel lorentzien, comment se sortir de cette difficulté qui n'existait pas avec la transformation de Galilée ?

Mieux vaut ne pas partir de l'expression $\mathbf{f}=m\mathbf{a}$ (c'est toutefois possible). Elle peut se reformuler par $\mathbf{f}=d\mathbf{p}/dt$ où $\mathbf{p}=m\mathbf{v}$ est par définition la quantité de mouvement classique. Se pose alors la question que de savoir s'il est possible de trouver pour $\mathbf{p}$ une expression relativiste qui permettrait d'exprimer avantageusement la relation fondamentale.

En multipliant la quadrivitesse par le scalaire m, on obtient un autre quadrivecteur qui a la dimension d'une quantité de mouvement

$$[\gamma(v)mc, \gamma(v)m\mathbf{v}]$$

E/c et p ayant même dimension, cette forme suggère fortement que l'énergie E et la quantité de mouvement $\mathbf{p}$ pourraient être données par

$$E = \gamma(v)mc^2$$
$$\mathbf{p} = \gamma(v)m\mathbf{v}$$

Ce raisonnement abrupt peut être légitimé de manière rigoureuse en s'appuyant sur des arguments physiques comme le principe de conservation de l'énergie **et** de la quantité de mouvement d'un système isolé. Pour les faibles vitesses, cette nouvelle expression de $\mathbf{p}$ redonne la quantité classique m$\mathbf{v}$. Pour l'énergie, nous commenterons plus loin. Ainsi

$$p^{\mu} = (E/c, \mathbf{p})$$

représente le quadrivecteur énergie-impulsion. Il se transforme de R vers R' selon le formalisme matriciel habituel en conservant la valeur de sa norme au carré $E^2/c^2 - p^2$. Cette relation est triviale pour une seule particule puisque la norme se réduit à mc, mais prend tout son sens lorsqu'on a affaire à un système de plusieurs particules.

Remarque : le terme $\gamma(v)m$ est quelquefois désigné par masse en mouvement et m par masse au repos. La masse m étant un scalaire de Lorentz, nous n'utiliserons pas ce langage. C'est l'expression de la quantité de mouvement qui est changée, pas celle de la masse.

Maintenant, il est logique de s'inspirer de la relation fondamentale de la mécanique newtonienne écrite sous la forme $f=dp/dt$ en construisant la dérivée temporelle du quadrivecteur énergie-impulsion p^μ. Pour lui conserver son caractère quadrivectoriel, nous savons qu'il faut dériver par rapport au temps propre, c'est-à-dire dériver par rapport à t et multiplier par $\gamma(v)$. On obtient ce que l'on peut appeler le quadrivecteur force

$$[\gamma(v)d(E/c)/dt,\gamma(v)dp/dt]$$

Quelques calculs algébriques simples sont nécessaires pour comprendre la signification de cette écriture. Il faut y remplacer E et **p** par leurs valeurs $E=\gamma(v)mc^2$ et $p=\gamma(v)mv$, calculer leur dérivée par rapport à t (cela nécessite de calculer $d\gamma(v)/dt$). On s'apercevra alors en formant $v.dp/dt$ que ce produit scalaire est égal à dE/dt. La cohérence des écritures sera assurée si

$$f=dp/dt$$
$$dE/dt=f.v$$

qui expriment la relation fondamentale de la dynamique et la conservation de l'énergie en mécanique relativiste.

LA RELATION FONDAMENTALE DE LA DYNAMIQUE RELATIVISTE A DONC LA MÊME FORME QUE CELLE DE LA MÉCANIQUE CLASSIQUE À CONDITION DE PRENDRE POUR **p** L'EXPRESSION $\gamma(v)mv$!

La deuxième relation exprime la puissance dE/dt. C'est le théorème de l'énergie cinétique. Il est automatique en mécanique classique, car c'est une conséquence de la relation fondamentale de la dynamique. En mécanique relativiste, c'est une équation supplémentaire qui doit nécessairement être prise en compte lors de la résolution de problèmes.

Finalement, le quadrivecteur force a pour expression

$$f^{\mu}=[\gamma(v)\mathbf{f}.\mathbf{v}/c,\gamma(v)\mathbf{f}]$$
$$\text{ou } f^{\mu}=[\gamma(v)dE/cdt,\gamma(v)\mathbf{f}]$$

Remarque : la force **f** présente comme composante spatiale de la quadriforce f^{μ} n'est pas invariante sous transformation de Lorentz alors qu'en mécanique newtonienne, elle a, comme l'accélération, même valeur dans tous les inertiels.

CONSÉQUENCES

Elles sont impressionnantes. La logique d'une présentation en masque souvent les apports révolutionnaires.

Particule libre et immobile : pas d'énergie potentielle puisque la particule est libre (**f=0**) et **v=0** dans R. En physique classique, son énergie est purement cinétique et vaut zéro. En relativité restreinte, on constate qu'elle vaut $E_0=mc^2$, car $\gamma(v=0)=1$. C'est la fameuse énergie de masse ou énergie au repos qui a fait la renommée d'Einstein auprès du public. Cette énergie considérable, mais pas nécessairement convertible ou facilement utilisable explique, ce que ne fait pas l'énergie cinétique, qu'un système puisse évoluer sous l'effet de recombinaisons nucléaires et ne pas conserver sa masse.

Énergie cinétique : elle est logiquement redéfinie comme la différence $E-E_0=(\gamma(v)-1)mc^2$. La vitesse de la particule n'intervient que par le terme $\gamma(v)$. En le développant pour v petit devant c, on retrouve l'énergie cinétique classique $mv^2/2$. Superbe !

Particule de masse m : supposons que dans R' la vitesse de la particule soit nulle. Comme **p'**$=\gamma(v')m$**v'**, **p'** est également nul si bien que l'invariance de la norme du quadrivecteur énergie-impulsion permet d'écrire $E^2-p^2c^2=E'^2=(mc^2)^2$, c'est-à-dire

$$E^2=p^2c^2+m^2c^4$$

Expression indispensable et utilisée journellement dans les accélérateurs de particules.

Photon : qu'en est-il pour une particule de masse nulle (m=0) comme le photon ? Tout le monde sait que la lumière du Soleil nous réchauffe et que les plaques photo sont impressionnées par divers rayonnements. Une particule de masse nulle transporte donc de l'énergie. On ne peut pas la déduire (ni sa quantité de mouvement) de son expression relativiste $E=\gamma(v)mc^2$, car si m est bien zéro, $\gamma(v=c)$ est infini, car une particule de masse nulle se déplace à la vitesse de la lumière. Mais l'expression précédente de E^2 se réduit simplement à

$$E=pc$$

L'énergie d'un photon est ainsi variable non pas avec sa vitesse c qui est constante, mais avec sa quantité de mouvement. Comment est-ce possible ? La physique classique est bien incapable de l'expliquer puisque pour elle l'énergie d'une onde (le photon se comporte aussi comme une onde électromagnétique) est proportionnelle au carré de l'amplitude de l'onde et à rien d'autre. Cela pose évidemment problème. La fréquence ν doit bien intervenir quelque part puisque les rayons X ou cosmiques sont bien plus énergétiques que les ondes visibles ou les ondes radio. C'est cette autre grande révolution conceptuelle qu'est la physique quantique qui apportera la réponse : l'énergie d'un photon est proportionnelle à sa fréquence ν par l'intermédiaire de la constante de Planck h

$$E=h\nu=\hbar\omega$$

où $h=6,626\ 10^{-34}$ joule.seconde, $\hbar=h/2\pi$ et $\omega=2\pi\nu$ représente la pulsation de l'onde. La quantité de mouvement p est donc proportionnelle à l'inverse de sa longueur d'onde λ

$$p=E/c=h\nu/c=h/\lambda$$

On peut aussi l'exprimer à partir du vecteur d'onde **k** de module k égal à $2\pi/\lambda=\omega/c$ qui indique la direction de propagation de l'onde.

$$\mathbf{p}=\mathbf{k}\hbar$$

Le quadrivecteur du photon peut donc indifféremment s'écrire

$$(p,\mathbf{p})\ \text{ou}\ (\omega/c,\mathbf{k})$$

Sa norme est nulle. La deuxième expression se prête facilement à l'interprétation de l'effet Doppler relativiste. Un photon de pulsation ω se propageant le long de l'axe des x à la vitesse c, quelle est la pulsation perçue par l'observateur de R' de vitesse u ? Les expressions matricielles de transformation de Q en Q' par la matrice de Lorentz fournissent la solution

$$\omega'=\gamma(\omega-\beta pc)=\gamma\omega(1-\beta)=\omega[(1-\beta)/(1+\beta)]^{1/2}$$

La fréquence diminue si on s'éloigne ($\beta>0$) de la source (ou si la source s'éloigne de nous), donc décalage vers le rouge comme attendu. Notons que dans l'effet Doppler classique, γ ne figure pas explicitement dans l'expression de ω'.

Le fait que le décalage Doppler et les aberrations de la lumière correspondent bien aux valeurs mesurées justifie que la transformation de Lorentz puisse s'appliquer avec succès aux ondes électromagnétiques.

ÉLECTROMAGNÉTISME RELATIVISTE

Remarque : pour bien comprendre ce chapitre qui contient quelques développements mathématiques, il est nécessaire de connaître les équations de Maxwell rappelées en appendice et celles qu'on en déduit. Elles utilisent classiquement des opérateurs différentiels de R^3 bâtis sur des dérivées partielles : le gradient, la divergence, le rotationnel, le Laplacien et le d'Alembertien.

Nous partirons de celles moins connues concernant les potentiels $V(x,y,z,t)$ et $\mathbf{A}(x,y,z,t)$ obéissant à la Jauge de Lorentz (la jauge de Coulomb étant inadaptée à la relativité). Ces potentiels obéissent à

$$\Box V=\rho/\epsilon_0 \qquad \Box \mathbf{A}=\mu_0\mathbf{j}$$

où $\Box$ est l'opérateur d'Alembertien dont nous allons reparler, V le potentiel scalaire et $\mathbf{A}$ le potentiel vecteur. La connaissance des sources, c'est-à-dire de ρ (densité volumique de charge en C/m^3) et de $\mathbf{j}$ (densité de courant en A/m^2), permet de remonter à ces potentiels desquels on déduira le champ électromagnétique $\mathbf{E},\mathbf{B}$ par les équations habituelles

$$\mathbf{E}=-\mathbf{grad}\ V-\partial\mathbf{A}/\partial t \quad \text{et} \quad \mathbf{B}=\mathbf{rot}\ \mathbf{A}$$

C'est le chemin que nous allons suivre en utilisant la puissance de l'écriture indicielle pour diverses combinaisons d'opérateurs, de covecteurs ou de quadrivecteurs. Pour insister encore une fois, ces objets mathématiques appelés tenseurs généralisent les notions de scalaires et de vecteurs. Un tenseur d'ordre n a 3^n composantes dans l'espace à trois dimensions R^3 et 4^n dans l'espace-temps à quatre dimensions R^4. Si n=0, on a affaire à un scalaire habituel dans R^3 et de Lorentz dans R^4. Si n=1, c'est un vecteur dans R^3 ou un quadrivecteur dans R^4. Si n=2, c'est une forme bilinéaire ou tenseur d'ordre 2. L'ordre d'un tenseur est déterminé par son nombre d'indices non muets. Par exemple, le tenseur à quatre indices $T^{\mu\nu}_{\rho\mu}$ est seulement d'ordre 2 puisqu'une sommation s'effectue sur μ. Outre l'intérêt d'une écriture compactée (une égalité entre deux tenseurs d'ordre 2 dans l'espace-temps équivaut à 16 relations) les tenseurs impliqués ici s'exportent de R vers R' (ou l'inverse) à l'aide de la matrice de Lorentz ou de son inverse ou de leurs combinaisons.

LE GRADIENT GÉNÉRALISÉ

Le gradient classique, souvent dénommé nabla ou del et symbolisé par le signe ∇, est l'opérateur de base qui sert à exprimer les autres opérateurs. Il est vectoriel et a pour composantes les dérivées spatiales premières $\partial/\partial x$, $\partial/\partial y$, $\partial/\partial z$. Comme la relativité mêle étroitement le temps et l'espace, se pose naturellement la question de savoir à quoi correspond le quadruplet $(\partial/c\partial t, \partial/\partial x, \partial/\partial y, \partial/\partial z)$. Si f(x,y,z,t) est un champ scalaire continu différentiable, sa différentielle s'écrit

$$df=\partial f/\partial x\, dx+\partial f/\partial y\, dy+\partial f/\partial z\, dz+\partial f/\partial t\, dt$$

En y remplaçant dx,dy,dz,dt par leurs valeurs en fonction de dx',dy',dz',dt' (tirées de la transformation de Lorentz de R vers R') et après mise en facteur, le facteur de dx' n'est autre que $\partial f/\partial x'$. Même manège pour les autres coordonnées. On s'aperçoit alors que les expressions primées du quadruplet précédent qualifient la transformation de Lorentz *inverse* puisque le produit $\beta\gamma$ intervient avec le signe plus dans les expressions non primées. Le quadruplet en question se transformant de R vers R' à l'aide de la matrice de Lorentz inverse est donc un covecteur. Son contravariant est le quadrivecteur ∇^μ appelé gradient généralisé. On notera donc pour ces tenseurs d'ordre 1

$$\nabla_\mu=(\partial/c\partial t,\partial/\partial x,\partial/\partial y,\partial/\partial z)=(\partial/c\partial t,\nabla)$$
$$\nabla^\mu=(\partial/c\partial t,-\partial/\partial x,-\partial/\partial y,-\partial/\partial z)=(\partial/c\partial t,-\nabla)$$

Attention à ne pas confondre les opérateurs ∇, ∇^μ et ∇_μ !
Le tenseur $\nabla^\mu\nabla_\mu$ d'ordre 0 est le scalaire de Lorentz

$$\partial^2/c^2\partial t^2-\partial^2/\partial x^2-\partial^2/\partial y^2-\partial^2/\partial z^2$$

Ce n'est autre que le d'Alembertien $\Box=\partial^2/c^2\partial t^2-\Delta$ où Δ est le Laplacien. Super !

QUADRIVECTEUR DENSITÉ DE COURANT

Classiquement, on définit le vecteur densité de courant par $\mathbf{j}=\rho\mathbf{v}$.
Peut-on construire un quadrivecteur densité de courant j^μ ? Puisque l'on sait que le quadrivecteur vitesse existe, $v^\mu=[\gamma(v)c,\gamma(v)\mathbf{v})]$, il suffit de le multiplier par une densité de charge volumique ayant un caractère scalaire ou invariant pour lui garder son caractère quadrivectoriel. La charge est bien un scalaire relativiste, mais le volume ne l'est pas à cause de la contraction des longueurs. Il ne faut donc pas multiplier par ρ mais par la charge par unité de volume propre ρ_0. On écrit ainsi

$$\rho_0\gamma(v)c,\rho_0\gamma(v)\mathbf{v}$$

Comme le volume est contracté par le facteur $\gamma(v)$, la quantité $\gamma(v)\rho_0$ est la densité de charge ρ perçue par l'observateur de R. Le quadrivecteur densité de courant s'écrit donc

$$j^\mu = (\rho c, \rho \mathbf{v}) = (\rho c, \mathbf{j})$$

Sa divergence généralisée est par définition le produit scalaire $\nabla_\mu j^\mu$ c'est-à-dire

$$\partial \rho / \partial t - \partial j_x / \partial x - \partial j_y / \partial y - \partial j_z / \partial z$$
$$= \partial \rho / \partial t - \mathrm{div}\,\mathbf{j} = 0$$

Elle est nulle puisque cette dernière équation n'est autre que l'expression de la conservation de la charge électrique.

Remarque : cette loi de conservation est nécessairement locale en relativité. En effet, une charge + peut apparaître compensée simultanément par l'apparition ailleurs d'une charge -. Vu la relativité de la simultanéité, on peut toujours trouver un référentiel dans lequel ces charges n'apparaissent pas simultanément ce qui violerait la conservation. Les deux charges doivent donc apparaître localement ($\Delta x = 0$) ce qui assure la simultanéité pour tous les observateurs.

QUADRIVECTEUR POTENTIEL

Les grandeurs ρ et $\mathbf{j}$ étant les sources de V et $\mathbf{A}$, existe-t-il un quadrivecteur potentiel ?

Comme

$$\Box V = \rho / \epsilon_0 \text{ et } \Box \mathbf{A} = \mu_0 \mathbf{j}$$

Le quadrivecteur $j^{\mu}=(\rho c,\mathbf{j})$ se réécrit

$$j^{\mu}=(\epsilon_0 c \,\square V, \,\square \mathbf{A}/\mu_0)= \square(\epsilon_0 cV,\mathbf{A}/\mu_0)$$

L'opérateur $\square$ s'appliquant à chacun des termes de la parenthèse. Comme c'est un scalaire de Lorentz et que j^{μ} est un quadrivecteur, l'expression entre parenthèses est aussi un quadrivecteur. Multiplié par la constante μ_0, il le reste et comme $\epsilon_0\mu_0 c^2=1$, on conclut que le quadrivecteur potentiel est

$$A^{\mu}=(V/c,\mathbf{A})$$

si bien que

$$\square A^{\mu}=\mu_0 j^{\mu}$$

À titre d'exemple simple, une charge q fixe dans R' (donc de vitesse constante $\mathbf{u}$ par rapport à R) crée en un point M situé à la distance r' de la charge les potentiels statiques V' et $\mathbf{A}$' bien connus $V'=q/4\pi\epsilon_0 r'$ et $\mathbf{A}'=0$. D'où $A'^{\mu}=(V'/c,\mathbf{0})$. L'observateur de R' voit donc seulement un champ électrostatique $\mathbf{E}'$ puisque $\mathbf{B}'=\mathbf{rot}\,\mathbf{A}'=0$. Qu'en est-il pour l'observateur de R ? Exportons le quadrivecteur potentiel de R' vers R, donc par la matrice de Lorentz inverse, $A^{\mu}=L^{-1\mu}_{\nu}A'^{\nu}$. Sa composante temporelle ($\mu=0$) fournit $V=\gamma V'=\gamma q/4\pi\epsilon_0 r'$. C'est le potentiel scalaire créé en M par une charge ayant la vitesse constante $\mathbf{u}$ par rapport à l'observateur, et pour être précis, créé à la distance r' de la charge. Même si cette distance est fixée, elle s'exprime pour l'observateur R en fonction de t et de x,y,z selon les expressions de la transformation de Lorentz pour l'intervalle espace-temps. D'où le potentiel

$$V(x,y,z,t)=\gamma q/4\pi\epsilon_0 \sqrt{[\gamma^2(x-ut)^2+y^2+z^2)]}$$

Les composantes spatiales de A^μ identifient le potentiel vecteur $\mathbf{A}(x,y,z,t)$ à $\mathbf{u}V(x,y,z,t)/c^2$. Ces deux potentiels permettent le calcul de $\mathbf{E}$ et de $\mathbf{B}$. l'observateur R voit donc un champ électrique $\mathbf{E}$ (non statique) et un champ magnétique $\mathbf{B}$ (également non statique). Les calculs montrent qu'ils sont liés par $\mathbf{B}=\mathbf{u}\times\mathbf{E}/c^2$.

Remarque : la charge q est à l'instant t à la position x,y,z. Le potentiel V que nous venons de calculer est fonction de ces mêmes variables instantanées. Or, les influences électromagnétiques se propageant à la vitesse de la lumière, le potentiel en question résulte de fait d'une position antérieure de la charge à un instant antérieur. Si entre cet instant antérieur et l'instant t considéré la vitesse de la charge changeait, ce serait quand même la bonne expression pour $V(x,y,z,t)$... Cette remarque conduit à la notion de potentiels retardés utilisés pour déterminer les champs d'une charge en mouvement quelconque.

LE TENSEUR ÉLECTROMAGNÉTIQUE

$\mathbf{E}$ et $\mathbf{B}$ qui ne sont pas des quadrivecteurs se déduisent des potentiels par

$$\mathbf{E}=-\text{grad } V-\partial\mathbf{A}/\partial t \qquad \mathbf{B}=\text{rot }\mathbf{A}$$

Les composantes de ces champs sur l'axe des x sont

$$E_x=-\partial V/\partial x-\partial A_x/\partial t$$
$$B_x=\partial A_z/\partial y-\partial A_y/\partial z$$

En y remplaçant V et les composantes de $\mathbf{A}$ ainsi que les dérivées partielles par les éléments correspondants de A^μ et ∇^μ, elles se réécrivent

$$E_x/c = \nabla^1 A^0 - \nabla^0 A^1$$
$$B_x = \nabla^3 A^2 - \nabla^2 A^3$$

Les autres composantes s'en déduisent par permutation circulaire sur x,y,z c'est-à-dire seulement sur les indices spatiaux 1,2,3. On constate que les six composantes obtenues se présentent comme les éléments d'un nouveau tenseur, d'ordre 2, noté logiquement $F^{\mu\nu}$ dans lequel μ est l'indice ligne et ν l'indice colonne. D'après les écritures précédentes, on a $F^{10}=E_x/c$, $F^{32}=B_x$, les autres éléments s'en déduisant facilement par la permutation signalée. On l'appelle tenseur électromagnétique

$$F^{\mu\nu} = \nabla^\mu A^\nu - \nabla^\nu A^\mu$$

Il est manifestement antisymétrique puisque la permutation des deux indices mène à

$$F^{\nu\mu} = \nabla^\nu A^\mu - \nabla^\mu A^\nu = -F^{\mu\nu}$$

Ses quatre éléments diagonaux $F^{\mu\mu}$ sont ainsi nécessairement nuls (puisque $F^{\mu\mu}=-F^{\mu\mu}$) si bien que le tenseur s'exprime seulement en fonction des six composantes de **E** et **B**

$$F^{\mu\nu} = \begin{pmatrix} 0 & -E_x/c & -E_y/c & -E_z/c \\ E_x/c & 0 & -B_z & B_y \\ E_y/c & B_z & 0 & -B_x \\ E_z/c & -B_y & B_x & 0 \end{pmatrix}$$

Dans la partie du tenseur située au-dessus de la diagonale, on remarque que les composantes des champs sont toutes précédées du signe moins sauf B_y ce qui est symptomatique du caractère pseudovectoriel de **B**. Défini par un produit vectoriel, **B** est un vecteur polaire alors que **E** est un vecteur axial (si les vecteurs de base sont tous changés de signe, les composantes d'un vecteur axial changent de signe, mais pas celles d'un vecteur polaire).

Ce calcul aurait pu être exécuté avec les covariants A_μ et ∇_μ auquel cas on aurait abouti au tenseur covariant antisymétrique $F_{\mu\nu}$ différant du précédent par le signe des composantes du seul champ électrique

$$F_{\mu\nu} = \begin{pmatrix} 0 & E_x/c & E_y/c & E_z/c \\ -E_x/c & 0 & -B_z & B_y \\ -E_y/c & B_z & 0 & -B_x \\ -E_z/c & -B_y & B_x & 0 \end{pmatrix}$$

Ces tenseurs s'exportent de R vers R' selon les règles habituelles utilisant la matrice de Lorentz L ou son inverse L^{-1}. On aura par exemple

$$F'^{\mu\nu} = L^\mu_{\ \rho} L^\nu_{\ \sigma} F^{\rho\sigma}$$

$$F'_{\mu\nu} = L^{-1\ \rho}_{\ \mu} L^{-1\ \sigma}_{\ \nu} F_{\rho\sigma}$$

Attention : si on souhaite calculer ces exportations matriciellement (ce qui n'est pas conseillé, car il faut transposer les matrices quand c'est nécessaire), il faut bien voir d'abord que $L^\mu_{\ \rho} L^\nu_{\ \sigma}$ ne représente pas un produit de matrices (puisqu'il n'y a pas d'indice de sommation) et ensuite que dans le tenseur $F^{\rho\sigma}$ (ou $F_{\rho\sigma}$), σ est un indice colonne. Le produit de matrices $L^\nu_{\ \sigma} F^{\rho\sigma}$ devra donc s'effectuer comme colonne*ligne au lieu du ligne*colonne standard. Celui portant sur ρ est standard.

On sait donc maintenant, et c'est un résultat important, comment se transforme le champ électromagnétique d'un référentiel galiléen à un autre.

Exemple : comment s'exporte E_y ? Autrement dit, que vaut $F'^{02}=-E'_y/c$? Mieux vaut avoir sous les yeux les tableaux de L et F pour suivre.

$$F'^{02}=L^0{}_\rho L^2{}_\sigma F^{\rho\sigma}=L^0{}_\rho(L^2{}_0 F^{\rho 0}+L^2{}_1 F^{\rho 1}+L^2{}_2 F^{\rho 2}+L^2{}_3 F^{\rho 3})$$
$$=L^0{}_\rho F^{\rho 2} \text{ car seul } L^2{}_2=1 \text{ n'est pas nul}$$
$$=L^0{}_0 F^{02}+ L^0{}_1 F^{12}+ L^0{}_2 F^{22}+ L^0{}_3 F^{32}$$
$$=L^0{}_0 F^{02}+ L^0{}_1 F^{12}, \text{ car } L^0{}_2=L^0{}_3=0$$
$$=\gamma F^{02}-\beta\gamma F^{12}=-\gamma E_y/c+\beta\gamma B_z=-E'_y/c$$
$$\text{d'où } E'_y=\gamma(E_y-\beta c B_z)$$

Le calcul n'est pas plus compliqué pour les autres composantes. C'est typiquement de l'algèbre ordinaire dans laquelle il faut être précis pour ne pas mélanger les indices. Voici les résultats

$$E'_x=E_x$$
$$E'_y=\gamma(E_y-\beta c B_z)$$
$$E'_z=\gamma(E_z+\beta c B_y)$$
$$B'_x=B_x$$
$$B'_y=\gamma(B_y+\beta E_z/c)$$
$$B'_z=\gamma(B_z-\beta E_y/c)$$

Pour obtenir la transformation inverse, il suffit de changer le signe devant β et de permuter les variables primées et les non-primées correspondantes.

Remarque : le lecteur pourra aussi vérifier que

$$E'^2 - B'^2 c^2 = E^2 - B^2 c^2$$

$$\mathbf{E'.B'=E.B}$$

Ce sont en fait les deux invariants du tenseur électromagnétique. Ils ont donc mêmes valeurs dans tous les inertiels. Pour une onde plane, ils sont nuls puisque $E=cB$ et que les champs sont orthogonaux.

Exemple simple : d'après les relations précédentes, un champ purement magnétique, uniforme dans R, par exemple $\mathbf{B}=(0,B,0)$ et $\mathbf{E=0}$, sera vu depuis R' comme un champ magnétique différent $\mathbf{B'}=(0,\gamma B,0)=\gamma\mathbf{B}$ associé à un champ électrique uniforme $\mathbf{E'}=(0,0,\beta\gamma cB)=\mathbf{u}\times\mathbf{B'}$. Le lecteur vérifiera l'invariance de $E^2 - B^2 c^2$ et $\mathbf{E.B}$ dans cette transformation de R vers R'.

En principe, c'est terminé puisque nous avons les informations nécessaires sur les champs par la connaissance du tenseur électromagnétique. Cependant, on aimerait bien faire apparaître les équations de Maxwell et la force de Lorentz dans des écritures tensorielles.

ÉQUATIONS DE MAXWELL COVARIANTES

Les équations de Maxwell concernent les dérivées premières des champs. Aussi est-il naturel de faire agir l'opérateur gradient généralisé sur le tenseur électromagnétique. Dans ce genre de démarche, on pose souvent $\partial_\mu = \nabla_\mu = \partial/\partial x^\mu$.

Examinons le tenseur $\partial_\mu F^{\mu\nu}$. Cette réduction par la sommation sur μ mène à un quadrivecteur.

$$\partial_\mu F^{\mu\nu} = \partial_\mu(\partial^\mu A^\nu - \partial^\nu A^\mu)$$
$$= \partial_\mu \partial^\mu A^\nu - \partial_\mu \partial^\nu A^\mu$$
$$= \partial_\mu \partial^\mu A^\nu - \partial^\nu \partial_\mu A^\mu$$
$$= \Box A^\nu - \partial^\nu(\partial V/c^2 \partial t + \text{div } \mathbf{A})$$

Le terme entre parenthèses est nul, car c'est l'expression de la jauge de Lorentz et d'après le quadrivecteur potentiel, $\Box A^\nu = \mu_0 j^\nu$. Reste ainsi

$$\partial_\mu F^{\mu\nu} = \mu_0 j^\nu$$

Il suffit de développer cette somme sur μ, d'y remplacer j^0 par ρc, j^1 par j_x, etc. ∂_0 par $\partial/c\partial t$, ∂_1 par $\partial/\partial x$, etc. pour voir apparaître les équations de Maxwell avec sources

$$\text{div } \mathbf{E} = \rho/\epsilon_0 \text{ et rot } \mathbf{B} = \mu_0(\mathbf{j} + \epsilon_0 \partial \mathbf{E}/\partial t)$$

Nous venons donc de prouver cet important résultat que ces deux équations de Maxwell sont invariantes par transformation de Lorentz. Il en sera de même pour les deux autres. Exprimons les dérivées partielles du tenseur électromagnétique covariant

$$\partial_\rho F_{\mu\nu} = \partial_\rho \partial_\mu A_\nu - \partial_\rho \partial_\nu A_\mu$$
$$\partial_\mu F_{\nu\rho} = \partial_\mu \partial_\nu A_\rho - \partial_\mu \partial_\rho A_\nu$$
$$\partial_\nu F_{\rho\mu} = \partial_\nu \partial_\rho A_\mu - \partial_\nu \partial_\mu A_\rho$$

Les deux dernières sont obtenues par permutation circulaire des indices ρ,μ,ν. Il est évident que la somme de ces trois quantités est nulle puisque les dérivées secondes croisées sont égales. D'où l'égalité tensorielle

$$\partial_\rho F_{\mu\nu}+\partial_\mu F_{\nu\rho}+\partial_\nu F_{\rho\mu}=0$$

qui représente en fait 64 équations pour ce tenseur de rang 3 dont on peut vérifier l'antisymétrie par permutation de deux indices quelconques. La plupart sont triviales. Ne sont intéressantes que celles où les trois indices sont différents, ce qui ne laisse que quatre sets d'indices : (0,1,2), (0,1,3), (0,2,3) et (1,2,3). Pour (1,2,3), on obtiendra div $\mathbf{B}=0$, les trois autres sets donnant les composantes du rotationnel de $\mathbf{E}$.

$$\text{div } \mathbf{B}=0 \text{ et } \mathbf{rot} \ \mathbf{E}=-\partial\mathbf{B}/\partial t$$

FORCE DE LORENTZ

Son expression $\mathbf{f}=q(\mathbf{E}+\mathbf{v}\times\mathbf{B})$ faisant intervenir la vitesse et les champs, examinons le tenseur $q v_\nu F^{\mu\nu}$ qui est un quadrivecteur noté f^μ.

$$q v_\nu F^{\mu\nu}=q(v_0 F^{\mu 0}+v_1 F^{\mu 1}+v_2 F^{\mu 2}+v_3 F^{\mu 3})$$
$$\text{avec } v_\nu=\gamma(v)(c,-\mathbf{v})$$

- Pour $\mu=0$, la somme entre parenthèses se réduit à $(v_x E_x+v_y E_y+v_z E_z)/c$ c'est-à-dire au produit scalaire $\mathbf{E}.\mathbf{v}/c$.

- Pour $\mu=1$, c'est $E_x+v_y B_z-v_z B_y=E_x+(\mathbf{v}\times\mathbf{B})_x$

Nul n'est besoin d'exprimer les deux autres, car les permutations circulaires sur x,y,z montrent que ce sont les composantes de $\mathbf{E}+\mathbf{v}\times\mathbf{B}$ qui apparaissent. D'où

$$f^{\mu}=\gamma(v)q(\mathbf{E}.\mathbf{v}/c,\mathbf{E}+\mathbf{v}\times\mathbf{B})$$

qui est bien l'expression du quadrivecteur force obtenue en dynamique relativiste

$$\gamma(v)[dE/cdt,\mathbf{f}]$$

avec la force de Lorentz $\mathbf{f}=q(\mathbf{E}+\mathbf{v}\times\mathbf{B})$ et la puissance $dE/dt=q\mathbf{E}.\mathbf{v}$ qui prouve que les variations de l'énergie E sont dues seulement au champ électrique $\mathbf{E}$.

Application : prenons dans R une charge q immobile placée dans un champ magnétostatique défini par $\mathbf{B}=(0,B,0)$ et $\mathbf{E}=0$. Comme sa vitesse $\mathbf{v}$ est nulle, la force de Lorentz l'est aussi. Qu'en est-il pour R' ? Nous avons montré dans l'exemple à la fin du paragraphe sur le tenseur électromagnétique que l'observateur de R' voit le champ $\mathbf{B'}=\gamma\mathbf{B}$ associé à $\mathbf{E'}=\mathbf{u}\times\mathbf{B'}$. La force de Lorentz $\mathbf{f'}=q(\mathbf{E'}+\mathbf{v'}\times\mathbf{B'})$ reste donc nulle puisque $\mathbf{v'}=\mathbf{v}-\mathbf{u}=-\mathbf{u}$. En effet, le quadrivecteur force f^{ν} étant nul dans R est nul aussi dans R' puisque $f'^{\mu}=L^{\mu}_{\nu}f^{\nu}$.

TENSEUR ÉNERGIE-IMPULSION ÉLECTROMAGNÉTIQUE

Une onde électromagnétique transportant de l'énergie, la théorie électromagnétique classique définit deux grandeurs pour la caractériser ainsi que son transport : la densité d'énergie u et le vecteur de Poynting $\mathbf{S}$

$$u=\frac{1}{2}(\epsilon_0E^2+B^2/\mu_0)$$

$$S = E \times B / \mu_0$$

La densité u est volumique et s'exprime en joule/m^3. Le vecteur de Poynting en watt/m^2 caractérise l'énergie qui transite par seconde au travers de la surface unité, c'est-à-dire le flux d'énergie. Comme c'est le tenseur électromagnétique F qui contient l'information sur le champ électromagnétique, il doit être possible d'en déduire un nouveau tenseur T qui fasse apparaître les grandeurs précédentes. C'est le tenseur énergie-impulsion qui est une sorte de généralisation du quadrivecteur énergie-impulsion p$^\mu$ que nous avons rencontré en mécanique relativiste.

S et u étant des expressions quadratiques des champs, il doit en être de même pour le tenseur recherché. Il doit donc contenir des produits de tenseurs du type $F_{\rho\sigma}F^{\rho\sigma}$ (sommation sur les deux indices) et du type $F_{\rho\sigma}F^{\sigma\nu}$ (sommation sur un seul indice). Voici son expression adéquate qui est une combinaison linéaire des 2 sommations précédentes (la démonstration étant plutôt indigeste, le lecteur intéressé est invité à consulter des ouvrages spécialisés)

$$T^{\mu\nu} = (\eta^{\mu\rho}F_{\rho\sigma}F^{\sigma\nu} + \frac{1}{4}\eta^{\mu\nu}F_{\rho\sigma}F^{\rho\sigma})/\mu_0$$

où η est la matrice diagonale de Lorentz. Quelques développements d'algèbre peu agréables mènent au résultat suivant pour $T^{\mu\nu}$

$$\begin{pmatrix} u & S_1/c & S_2/c & S_3/c \\ S_1/c & t_{11} & t_{12} & t_{13} \\ S_2/c & t_{21} & t_{22} & t_{23} \\ S_3/c & t_{31} & t_{32} & t_{33} \end{pmatrix}$$

où S_1,S_2,S_3 sont les composantes spatiales de S, t_{ij} dans lequel i et j varient de 1 à 3 est un tenseur symétrique purement spatial de rang 2 dénommé tenseur de Maxwell. Nous ne l'expliciterons pas, l'intérêt présent étant de faire apparaître la densité d'énergie u et les composantes du vecteur de Poynting. Tous ces termes s'expriment en joule/m^3. Notons que $T^{\mu\nu}$ est symétrique.

De même que la charge électrique, l'énergie doit satisfaire à une équation locale de conservation. Comment la déduire du tenseur $T^{\mu\nu}$? Comme $T^{\mu\nu}$ contient en T^{00} la densité d'énergie u(x,y,z,t), chercher comment u varie au cours du temps, donc exprimer $\partial u/\partial t$ c'est-à-dire la dérivée première de u par rapport à la coordonnée ct, s'interprète par généralisation comme chercher la dérivée première ∂_μ du tenseur $T^{\mu\nu}$. D'où l'idée de considérer $\partial_\mu T^{\mu\nu}$ qui s'exprime en joule/m^4. L'effet Joule dissipant l'énergie, il est normal de faire intervenir en second membre de l'équation cherchée la densité de courant (en A/m^2) et de l'associer au tenseur électromagnétique F (en Vs/m^2) puisque leur produit s'exprime, il est facile de le vérifier, en joule/m^4. En fait, la bonne équation quadrivectorielle qui s'impose est la suivante

$$\partial_\mu T^{\mu\nu} = -F^{\nu\lambda} j_\lambda$$

où j_λ est le quadrivecteur densité de courant. La composante temporelle ($\nu=0$) de la relation précédente mène à l'équation de conservation de l'énergie électromagnétique déjà établie par l'électromagnétisme classique

$$\partial u/\partial t + \text{div } \mathbf{S} + \mathbf{j}.\mathbf{E} = 0$$

où **j.E** caractérise l'effet Joule qui n'existe pas dans le vide puisque **j** y est nul. Ses composantes spatiales (v=1,2,3) caractérisent des densités de quantité de mouvement du champ électromagnétique ou des pressions de radiation.

RELATIVITÉ GÉNÉRALE (initiation)

Après le succès retentissant de la relativité restreinte, Einstein se demande si les référentiels accélérés ne seraient pas tout aussi valides que les référentiels inertiels pour exprimer les lois de la physique. Après tout, pourquoi la nature ferait-elle une distinction entre les différents types de mouvements ? Il stipule alors son principe de relativité générale

Principe de relativité générale :
« la forme des lois de la physique est
la même dans tous les référentiels »

Pour lui, tous les observateurs sont équivalents. Se pose donc d'une part la question mathématique d'une covariance générale des lois de la physique : elles devront être covariantes généralement et non plus simplement covariantes sous transformation de Lorentz, c'est-à-dire prendre la même forme dans tous les référentiels, ce qui exige une adaptation du calcul tensoriel utilisé en relativité restreinte (et sa maîtrise !). D'autre part, ce principe semble complètement oblitérer l'existence des forces d'inertie. Comment les intégrer dans une méthodologie qui soit en accord avec ce principe ?

Nous allons expliquer en quoi la théorie de la relativité générale est une théorie géométrique et relativiste de la gravitation et comment elle permet de retrouver comme cas particuliers la gravitation newtonienne et la relativité restreinte.

PRINCIPE D'ÉQUIVALENCE

Dans le premier chapitre de ce livre, nous avons insisté sur les forces d'inertie qui doivent impérativement être prises en compte dans le bilan dynamique relatif aux référentiels non inertiels. Mais, pas toujours facile de déceler leurs effets s'ils sont minimes ! Ils sont pourtant révélateurs d'un mouvement non uniforme. Qui n'a jamais été plaqué sur son siège par l'accélération d'une voiture ou tenu en équilibre contre la paroi verticale d'un manège rotatif ou anéanti par le mal de mer ? Une analyse superficielle de l'équilibre du fil à plomb aurait pu nous conduire à la fausse conclusion que le référentiel terrestre local est inertiel puisque poids et tension du fil s'opposent pour assurer l'équilibre. C'est notamment cet écart minime de 0,1 degré par rapport à la verticale parisienne qui nous a mis la puce à l'oreille ! S'assurer qu'un référentiel est galiléen c'est-à-dire qu'il n'y a pas de force d'inertie peut être délicat.

Dans un galiléen, une particule de charge q soumise à un champ électrique E prend une accélération a telle que ma=qE. Si la charge double, l'accélération double aussi. Pour une particule de masse m placée dans un champ gravitationnel g, l'accélération a est telle que ma=mg c'est-à-dire après simplification par la masse, a=g. Dans ce cas, doubler la masse ne change pas l'accélération. Exactement comme pour les forces d'inertie qui sont elles aussi proportionnelles à la masse. Doubler la masse ne change pas l'accélération de Coriolis ou d'entraînement. D'où l'idée que la gravitation est particulière.

La fameuse loi de la chute des corps stigmatisée par les expériences de Galilée à la Tour de Pise exprime que

« dans un champ de gravitation, le mouvement d'un corps
est indépendant des propriétés de ce corps »

Comme si les trajectoires étaient déjà prédéfinies par une propriété locale de l'espace-temps ! Évidemment, il ne doit pas y avoir de force de frottement due à un fluide quelconque comme l'air et la masse du corps doit être suffisamment faible pour ne pas perturber le champ gravitationnel local. Propriétés signifiant masse, densité, composition chimique, forme, etc. Cela fut vérifié en direct par les astronautes sur la lune en 1969, un marteau chutant à la même vitesse qu'une feuille de papier.

Cette particularité de la gravitation se retrouve dans l'énigmatique constatation expérimentale que la masse d'inertie m_i est égale à la masse grave m_g. La masse d'inertie doit son nom à la relation fondamentale de la dynamique qui indique que plus un objet est massique, plus l'accélération qu'il subit est faible, donc plus il est difficile de le mettre en mouvement ou de changer son mouvement. La masse grave est celle figurant dans la loi newtonienne d'attraction universelle des corps. Résultant de concepts et de phénomènes différents, elles n'ont aucune raison d'être égales. Pourtant, elles le sont. Ce fut vérifié par Newton au millième près. Aujourd'hui, c'est à 10^{-12} près et demain avec les sondes spatiales, on espère une précision au moins mille fois supérieure.

Dès lors, il est logique de considérer que la gravitation puisse se comporter comme une force d'inertie et vice-versa. C'est ce qu'Einstein stipule en 1907 dans son principe d'équivalence

Principe d'équivalence :

« aucune expérience à l'intérieur d'une enceinte fermée ne permet de distinguer entre une accélération constante et un champ de gravitation constant »

Principe qui sonne comme, mais qui n'a rien à voir avec celui de Galilée (aucune expérience de mécanique à l'intérieur d'une enceinte fermée ne permet de distinguer entre repos et vitesse constante).

Ainsi, un observateur terrestre dans un ascenseur (immobile ou en mouvement rectiligne uniforme) est évidemment soumis à l'attraction gravitationnelle de notre planète, ce qui se traduit par son poids mg. La pomme qu'il lâche sans vitesse initiale tombe selon la loi bien connue $z=gt^2/2$. Si cet ascenseur, positionné quelque part dans l'espace loin de toute masse, est soumis à une accélération d'entrainement g de 9,8 m/s^2 (par exemple par la poussée d'un moteur de fusée), son passager sera soumis à la même force que son poids et la pomme tombera de la même façon. En quelque sorte, la force d'inertie ma aura engendré un poids artificiel. Ces considérations sont locales, car un champ de gravitation n'est pas forcément uniforme.

Einstein prend alors conscience du fait qu'un homme en chute libre ne ressent pas son poids. C'est effectivement le cas lors des vols en apesanteur (par exemple les vols commerciaux paraboliques dans des avions équipés ad hoc). Dans ces situations, une masse test placée sans vitesse initiale devant l'observateur libre chuteur va rester immobile par rapport à lui ou s'éloigner à vitesse constante s'il lui a communiqué une vitesse initiale, puisqu'il chute de concert avec elle. Plus de force ressentie et repos ou mouvement rectiligne uniforme : c'est là le principe d'inertie cher aux galiléens, mais cette fois le référentiel est uniformément accéléré au lieu d'être en mouvement rectiligne uniforme ! On voit dans cet exemple que les référentiels accélérés n'ont apparemment rien de particulier puisqu'ils peuvent être localement tangents à des inertiels. La description de la chute des corps vue de ce référentiel en chute libre sera un mouvement rectiligne uniforme (ou le repos), c'est-à-dire une trajectoire rectiligne qui rend extrémale la distance entre deux points. C'est par définition une géodésique. La conclusion logique qu'on en tire est surprenante :

Selon le principe de relativité générale, ce sera aussi une géodésique
de même équation dans n'importe quel repère…

Ce qui n'est pas le cas de la mécanique classique puisqu'il faut tenir compte des forces d'inertie pour déterminer la trajectoire.

Remarque : le référentiel en chute libre ne peut être galiléen que localement, car deux particules massiques en chute libre au voisinage de la Terre convergeront quand même vers le centre de la Terre en se rapprochant donc l'une de l'autre (c'est ce qu'on appelle un effet de marée).

Ainsi pour Einstein, ce n'est pas tellement le fait que l'équation de Poisson du potentiel gravitationnel (idem d'ailleurs pour l'équation de Schrödinger) ne soit pas invariante sous Lorentz (elle contient non pas le d'Alembertien mais le Laplacien) qui le pousse à s'intéresser à la gravitation. Plus subtilement, c'est que gravitation et inertie ne semblent être que les deux facettes d'une même réalité. Être soumis ou non à un champ de gravitation serait typiquement une question de choix de référentiel… Telle est son idée. On conçoit donc que la relativité générale qui veut inclure les référentiels en mouvement quelconque, donc les forces d'inertie, doive nécessairement impliquer la gravitation. On peut aussi l'exprimer de manière beaucoup plus sympathique : traitant des forces d'inertie, la relativité générale va automatiquement inclure les forces de gravitation…

DÉCALAGE GRAVITATIONNEL VERS LE ROUGE

Dans un ascenseur en chute libre (situation désespérée, mais ô combien utile comme expérience de pensée), donc localement galiléen, la lumière se propage en ligne droite. Mais pour un observateur terrestre, elle suit nécessairement un chemin incurvé puisqu'elle met un certain temps pour se propager par exemple de la paroi gauche à la paroi droite et que pendant ce temps l'ascenseur descend. En clair, le champ de gravitation doit courber le trajet de la lumière !

Imaginons alors ce moteur perpétuel fictif dans le champ de pesanteur terrestre : un photon émis de A vers B contre le champ de pesanteur g s'élève d'un dénivelé z. En B, son énergie est convertie en masse m que l'on fait alors chuter jusqu'en A récupérant ainsi l'énergie de pesanteur mgz. En A, on retransforme la masse en énergie de rayonnement et on recommence le processus. On obtient ainsi indéfiniment de l'énergie sans que cela coûte, ce qui est interdit par le premier principe de la Thermodynamique. Ce moteur perpétuel ne peut fonctionner parce que le photon perd de l'énergie en luttant contre le champ de pesanteur. Comme son énergie E est telle que $E=h\nu$, sa fréquence ν doit diminuer.

Ce décalage gravitationnel vers le rouge été vérifié expérimentalement au cours d'une expérience restée célèbre par Pound et Rebka en 1959 à l'université de Harvard pour un dénivelé aussi faible que 22,5 mètres ! Cet effet doit absolument être pris en compte dans les GPS pour que la précision de la localisation soit de l'ordre du mètre ou mieux du centimètre (objectifs militaires et aviation civile). Les GPS sont une magnifique illustration de la théorie de la relativité générale.

La lumière étant énergie et donc possédant un équivalent masse est soumise à la loi d'attraction universelle. Cela tient debout du point de vue des principes. La tentative d'expliquer ce décalage en fréquence par la relativité restreinte mène à une absurdité. Pour Einstein, c'est parce que l'espace-temps de Minkowski est plat. Il est persuadé que la gravitation doit modifier la topologie de l'espace-temps et que la solution doit être recherchée dans la géométrie ! D'ailleurs, l'espace réel qui montre partout des champs de gravitation variés le conforte dans cette idée non euclidienne.

Hypothèse hardie et fondamentale qui soulève immédiatement au moins deux questions : comment caractériser intrinsèquement la courbure de l'espace-temps et comment relier sa géométrie à sa composition ?

LA TOPOLOGIE

Il sera encore supposé que l'espace-temps de la relativité générale est, comme celui de la relativité restreinte, à quatre dimensions. Et muni d'une métrique (sans cela, il est impossible de mesurer le temps et les distances).

Tout le monde sait qu'une projection Mercator du globe terrestre ou plus vraisemblablement d'une de ses parties donne une carte plane qui ne respecte pas les dimensions. Le continent Antarctique y paraît démesuré et l'Amérique du Sud beaucoup plus petite que le Groenland alors qu'en réalité elle est dix fois plus vaste. Les distances et les surfaces réelles ne sont pas respectées par cette projection. Sur ces cartes planes en x,y, pas question d'utiliser $ds^2=dx^2+dy^2$ comme élément de longueur au carré, car le ds^2 mercatorien n'est pas euclidien ! L'expression de ds^2 doit pouvoir refléter et permettre d'expliciter les propriétés géométriques *locales* (courbures, torsion, géodésiques, etc.) de ce que les mathématiciens appellent variétés différentiables, notamment celles (importantes pour la physique) de dimension deux comme les surfaces ou les hypersurfaces (sphère, tore, cylindre, hyperboloïde, selle de cheval, espaces R^n, etc.). C'est le Prince des mathématiciens, alias Gauss, qui a initié au début du

$19^{\text{ème}}$ siècle cette délicate géométrie différentielle dans laquelle nous n'entrerons pas. Son élève Riemann l'a étendue aux surfaces non euclidiennes.

En relativité restreinte, nous avons écrit

$$ds^2 = dx_\nu dx^\nu = \eta_{\mu\nu} dx^\mu dx^\nu$$

où $\eta_{\mu\nu} = \text{diag}(1,-1,-1,-1)$ est la matrice de Minkowski. Ce produit scalaire étant par construction invariant sous transformation de Lorentz, tout changement de référentiel inertiel aboutit à la même expression de telle sorte que $\eta_{\mu\nu}$ caractérise fondamentalement partout et toujours la topologie de l'espace-temps plat et euclidien à quatre dimensions de la relativité restreinte.

En relativité générale, nous sommes évidemment désireux de décrire les événements ou les suites d'événements depuis des référentiels non galiléens ce qui va introduire ipso facto des forces d'inertie et, selon Einstein, de la gravitation.

Le passage d'un référentiel de coordonnées x^μ vers un autre référentiel de coordonnées x^ρ est mathématiquement qualifié par

$$dx^\mu = \partial x^\mu / \partial x^\rho \, dx^\rho$$

L'intervalle carré $ds^2 = \eta_{\mu\nu} dx^\mu dx^\nu$ peut ainsi se réécrire dans les nouvelles coordonnées

$$ds^2 = \eta_{\mu\nu} \partial x^\mu / \partial x^\rho \, \partial x^\nu / \partial x^\sigma \, dx^\rho dx^\sigma$$
$$= g_{\rho\sigma} dx^\rho dx^\sigma$$

La quantité

$$g_{\rho\sigma}=\eta_{\mu\nu}\,\partial x^{\mu}/\partial x^{\rho}\,\partial x^{\nu}/\partial x^{\sigma}$$

est appelée tenseur métrique et caractérise la géométrie locale. Il est deux fois covariant, symétrique (puisque $\eta_{\mu\nu}$ l'est) et d'ordre 2. Contenant par les dérivées ci-dessus les ingrédients menant aux forces d'inertie, il va jouer un rôle central en relativité générale.

Exemple : partons de la métrique (pseudo)euclidienne de Minkowski

$$ds^2=\eta_{\mu\nu}dx^{\mu}dx^{\nu}=c^2dt^2-(dx^2+dy^2+dz^2)$$

Si au lieu des coordonnées cartésiennes ct,x,y,z nous utilisons les coordonnées sphériques prises dans l'ordre ct,r,θ,φ pour repérer un événement spatio-temporel, nous obtiendrons après quelques développements

$$ds^2=c^2dt^2-[dr^2+r^2(d\theta^2+\sin^2\theta d\varphi^2)]$$

On y reconnaît les habituels déplacements élémentaires cdt, dr, rdθ et rsinθdφ des coordonnées sphériques. Par commodité, reprenons l'écriture de ds^2 avec les indices muets μ et ν

$$ds^2=g_{\mu\nu}dx^{\mu}dx^{\nu}$$
$$\text{avec } dx^{\mu}=(cdt,dr,d\theta,d\varphi)$$

On déduit après quelques calculs que pour cette métrique

$$g=\begin{pmatrix} 1 & 0 & 0 & 0 \\ 0 & -1 & 0 & 0 \\ 0 & 0 & -r^2 & 0 \\ 0 & 0 & 0 & -r^2\sin^2\theta \end{pmatrix}$$

Remarque : un lecteur attentif aura noté que les composantes de dx^μ ne sont pas homogènes dimensionnellement puisqu'on y trouve tantôt des angles et tantôt des distances. Il en est de même pour les éléments du tenseur g et pour les composantes covariantes de dx_μ. En conséquence, il ne faudra pas s'étonner que leurs dérivées temporelles introduisent tantôt des vitesses tantôt des moments cinétiques…

Le tenseur contravariant $g^{\mu\nu}$ dont l'expression en coordonnées est donnée par la matrice inverse de $g_{\mu\nu}$ est ici diag$(1,-1,-1/r^2,-1/r^2\sin^2\theta)$. Le passage de $g_{\mu\nu}$ à $g^{\mu\nu}$ (la connaissance de $g^{\mu\nu}$ est requise dans les expressions de la relativité générale) ne sera pas toujours aussi aisé.

Comme avec η en relativité restreinte, g ou son inverse peut faire monter ou descendre un indice dans tout tenseur. Par exemple, pour passer du tenseur $T^{\mu\rho}$ au tenseur T^μ_ν, on écrira $T^\mu_\nu=g_{\nu\rho}T^{\mu\rho}$ et sa trace T^μ_μ sera $g_{\mu\nu}T^{\mu\nu}=g^{\mu\nu}T_{\mu\nu}$. Ainsi, les composantes covariantes dx_μ seront données par $dx_\mu=g_{\mu\nu}dx^\nu$, c'est-à-dire pour cette métrique, $dx_0=cdt$, $dx_1=-dr$, $dx_2=-r^2d\theta$, $dx_3=-r^2\sin^2\theta d\varphi$. En faisant le produit scalaire $dx_\mu dx^\mu$ on retrouve bien l'invariant ds^2. En pratiquant de même avec la vitesse $v^\mu=dx^\mu/d\tau$ où τ est le temps propre, on vérifierait que $v^\mu v_\mu=c^2$, comme en relativité restreinte.

En relativité générale, ce n'est donc plus $\eta_{\mu\nu}$ qui sert à qualifier la géométrie de l'espace–temps mais le tenseur métrique $g_{\mu\nu}$. Il qualifie une forme bilinéaire symétrique (quadratique) invariante ce qui rentre parfaitement dans le cadre du principe de relativité. D'ailleurs en prenant g à la place de η dans les équations de la relativité restreinte, on la rend covariante généralement. De plus, la signification physique de ds^2 basée sur le temps propre ($ds^2 = c^2 d\tau^2$) est claire.

Remarque : si le changement de référentiel est galiléen, $g_{\mu\nu} = \eta_{\mu\nu}$. Ceci permet de développer $g_{\mu\nu}$ au voisinage de $\eta_{\mu\nu}$ lorsque les effets perturbateurs de l'inertie ou de la gravité sont minimes. On obtient alors une évaluation de ce que l'on appelle les corrections post-newtoniennes.

Que faire avec $g_{\mu\nu}$? L'élaboration de la relativité générale a duré une dizaine d'années notamment parce que l'outil mathématique est conséquent. Il faut maîtriser la délicate géométrie des surfaces riemanniennes (variétés différentiables). Pour ne pas transformer ce chapitre de physique en indigeste leçon de géométrie différentielle et de calcul tensoriel, nous irons directement au résultat. Cela illustrera suffisamment la complexité de la démarche pour ne pas regretter de ne pas y être rentré…

Commençons par les symboles de Christoffel.

En coordonnées curvilignes x^1, x^2, x^3 (par exemple les coordonnées sphériques r,θ,φ) les vecteurs e_i de la base dite *naturelle* en M (attention ! ils sont définis par $e_i = \partial\mathbf{OM}/\partial x^i$ souvent notés $\partial_i\mathbf{M}$) changent avec le point M considéré. En un point voisin M', ils peuvent avoir une orientation et une *grandeur* différentes de celles en M. Ce sont ces variations qui sont à l'origine des forces d'inertie (et de la gravitation). Ainsi, le changement de direction de la base du repère terrestre local traduit une rotation qui entraîne l'apparition des accélérations de Coriolis et d'entraînement. Exprimer les variations de_i dans la base naturelle en M est ainsi une démarche fondamentale appelée connexion affine. Elle fait naturellement intervenir des combinaisons linéaires des dx^j, ce qui s'écrit $de_i = \omega_i^j e_j$ où les ω_i^j sont des formes différentielles des dx^k. On posera ainsi logiquement $\omega_i^j = \Gamma_{ik}^j dx^k$ où les Γ sont appelés symboles de Christoffel. Ils contiennent l'information nécessaire sur la topologie locale et se calculent à partir du tenseur métrique g. Dans l'espace-temps à quatre dimensions de la relativité générale, ils s'expriment par

$$\Gamma^\alpha_{\beta\gamma} = \frac{1}{2} g^{\alpha\delta} (\partial_\gamma g_{\delta\beta} + \partial_\beta g_{\delta\gamma} - \partial_\delta g_{\beta\gamma})$$

où les notations telles que ∂_γ désignent une dérivation par rapport à la coordonnée x^γ. Cette expression est bâtie sur g et ses dérivées premières. $\Gamma^\alpha_{\beta\gamma}$ qui n'est pas un tenseur, est visiblement symétrique en β,γ c'est-à-dire $\Gamma^\alpha_{\beta\gamma} = \Gamma^\alpha_{\gamma\beta}$.

Les symboles de Christoffel sont à leur tour utilisés pour bâtir le tenseur de Ricci $R_{\mu\nu}$ (qui résulte d'une contraction du tenseur de Riemann d'ordre 4...). On obtient

$$R_{\mu\nu} = (\partial_\sigma \Gamma^\sigma_{\mu\nu} - \partial_\nu \Gamma^\sigma_{\mu\sigma}) + (\Gamma^\rho_{\mu\nu} \Gamma^\sigma_{\rho\sigma} - \Gamma^\rho_{\mu\sigma} \Gamma^\sigma_{\rho\nu})$$

Les parenthèses ont été ajoutées pour aérer la présentation. $R_{\mu\nu}$ qui lui aussi est symétrique en μ,ν contient ainsi les dérivées secondes de g et des produits des dérivées premières.

La courbure scalaire R est ensuite définie par la double somme

$$R = g^{\mu\nu} R_{\mu\nu}$$

Et finalement, l'objet mathématique convoité qui contient les informations sur la courbure est le tenseur d'Einstein, symétrique, défini par

$$G_{\mu\nu} = R_{\mu\nu} - \frac{1}{2} R g_{\mu\nu}$$

Précisons que pour élaborer ce tenseur, Einstein a été aidé par son ami mathématicien Marcel Grossmann et par d'autres mathématiciens comme l'Allemand Hilbert (qui tenta de publier seul certaines avancées).

Pour finir ce paragraphe ésotérique, donnons sans démonstration l'équation d'une ligne d'univers (une géodésique) d'une particule test (rappelons que cette particule est de masse négligeable pour ne pas perturber la courbure locale de l'espace-temps). Dans la géométrie de Lorentz, nous avons vu qu'elle maximise le temps propre. Dans celle riemannienne, elle minimise localement la distance. Dans le référentiel x^{μ}, son équation, toujours déduite de

$$\delta \left(\int_{A}^{B} ds \right) = 0 \qquad \text{avec cette fois} \qquad ds^2 = g_{\mu\nu} dx^{\mu} dx^{\nu}$$

s'écrit

$$\frac{d^2 x^{\mu}}{d\tau^2} + \Gamma^{\mu}{}_{\nu\rho} \frac{dx^{\nu}}{d\tau} \frac{dx^{\rho}}{d\tau} = 0$$

où pour un objet massif τ est le temps propre. L'espace-temps dicte à la matière la façon de s'y déplacer par l'intermédiaire de la connexion, c'est-à-dire des symboles de Christoffel. C'est l'équation du mouvement en relativité générale. Elle remplace celle d'une particule libre en mécanique classique et garde cette forme dans tous les référentiels, inertiels ou non. Comme en mécanique classique, elle ne contient pas la masse (donc valable encore pour les photons) et fait intervenir une dérivée seconde par rapport au temps qui peut éventuellement être une accélération (angulaire ou non) selon ce que représentent les composantes x^μ.

Dans un espace plat comme celui de Minkowski, la connexion est nulle (les coefficients de η sont constants) et l'on retrouve bien le cas du mouvement rectiligne uniforme $dv^\mu/d\tau=0$.

Toute particule test libre (sur laquelle n'agit aucune autre force que celle de gravitation, celle-ci étant encodée dans la courbure de l'espace-temps) se déplace le long d'une géodésique.

LE TENSEUR ÉNERGIE-IMPULSION

Einstein est à la recherche d'un tenseur symétrique d'ordre deux qui puisse caractériser les diverses sources d'énergie et de matière présentes dans l'univers, tenseur qui respecte une loi de conservation.

C'est le cas du tenseur énergie-impulsion $T^{\mu\nu}$ que nous avons rencontré pour l'énergie électromagnétique dont l'élément T^{00} représente la densité d'énergie u.

D'autres sources d'énergie ou de matière existent. Les milieux continus sont ainsi caractérisés dans R^3 par le tenseur d'élasticité pour les solides ou le tenseur des pressions-viscosités pour les fluides. Dans un but simplificateur, on se limitera au fluide parfait qui en cosmologie sert de modèle à notre univers. En effet, l'observation montre que sur une échelle suffisamment large (de l'ordre d'une trentaine de millions d'années-lumière) l'univers paraît homogène et isotrope (c'est le principe cosmologique).

Le comportement d'un fluide parfait dans R^3 est décrit par le tenseur symétrique $T^{ij}=\rho v^i v^j - p\delta^{ij}$ où p est la pression, ρ la densité d'énergie (énergie interne plus énergie de masse), v^i la composante de la vitesse du fluide sur l'axe i (i varie de 1 à 3) et δ^{ij} le symbole de Kronecker. En relativité dans R^4, l'écriture est généralisée par cette expression

$$T^{\mu\nu}=(p+\rho)v^\mu v^\nu - pg^{\mu\nu}$$

où v^μ est la quadrivitesse et $g^{\mu\nu}$ le tenseur métrique. Sa divergence est nulle ce qui entraîne la conservation de la masse et l'équation d'Euler. Dans le référentiel où le fluide est au repos ($v^0=1$, $v^i=0$), $T^{\mu\nu}$ se réduit au tenseur diagonal

$$\begin{pmatrix} \rho & 0 & 0 & 0 \\ 0 & p & 0 & 0 \\ 0 & 0 & p & 0 \\ 0 & 0 & 0 & p \end{pmatrix}$$

Attention ! Dans ce dernier et dans $T^{\mu\nu}$, qui s'exprime en N/m^2 c'est-à-dire en joule/m^3 comme le tenseur électromagnétique, la densité $\rho=T^{00}$ est prise avec une vitesse de la lumière unitaire (en fait, c'est ρc^2). En relativité, poser c=1 entraîne une simplification appréciée des écritures, mais fait que les équations paraissent non homogènes d'un point de vue dimensionnel.

Il est possible aussi de construire un tenseur énergie-impulsion pour des particules massiques. Le tenseur figurant dans l'équation d'Einstein sera la somme de ces trois contributions.

L'ÉQUATION D'EINSTEIN

Nous nous en tiendrons à l'équation originelle d'Einstein proposée en 1915 qui ne contient pas la constante cosmologique. Elle ne se démontre pas, mais stipule la proportionnalité de $G_{\mu\nu}$ à $T_{\mu\nu}$. La constante de proportionnalité, déterminée par l'analyse de cas particuliers est $8\pi G/c^4$ où G qui n'a rien à voir avec $G_{\mu\nu}$ est la constante de gravitation universelle.

$$G_{\mu\nu} = -\frac{8\pi G}{c^4}\, T_{\mu\nu}$$

Telle est l'équation qui remplace l'équation de la gravitation newtonienne de Poisson $\Delta\Phi = -4\pi G\rho$ où ρ est la densité massique et Φ le potentiel gravitationnel. $G_{\mu\nu}$ contenant les dérivées secondes de g, c'est la métrique g qui joue le rôle du potentiel gravitationnel. L'équation est tensorielle, de rang deux, symétrique, ce qui représente dix équations non linéaires du second ordre (6 en fait, car le tenseur $T_{\mu\nu}$ obéit à une loi de conservation et donc $G_{\mu\nu}$ aussi). Elle appelle quelques remarques.

– Dimensionnellement, l'équation est homogène à l'inverse d'une surface. G est en effet homogène à la courbure de Gauss qui est le produit des courbures principales locales.

– Elle indique comment l'espace-temps doit se courber en présence de matière et/ou d'énergie. Ce dernier dicte ensuite aux particules test ou à la lumière la façon de s'y déplacer par l'équation des géodésiques. Ainsi, l'espace-temps n'est pas de nature passive, mais dynamique.

- La lumière est capable de créer de la gravité ne serait-ce que par le terme T_{00} qui inclut la densité d'énergie électromagnétique. Non vérifié jusqu'à présent.

- L'équation de Poisson ne contient pas le temps (c'est normal, car la force de gravitation newtonienne ne le contient pas non plus. C'est d'ailleurs pour cette raison que l'équation de Poisson ne peut pas être invariante sous transformation de Lorentz) si bien que toute modification sur ρ se traduit *instantanément* sur le potentiel Φ. Les calculs basés sur l'équation d'Einstein (qui, elle, contient le temps) montrent que les modifications se propagent de proche en proche à la vitesse de la lumière : ce sont les ondes gravitationnelles. En relativité, les objets sont nécessairement tous élastiques puisque l'action instantanée comme celle d'une traction met « un certain temps » pour se propager d'une extrémité à l'autre d'un solide par exemple.

- La gravitation reste attractive, mais les solutions ne sont pas linéaires. Le champ engendré par deux masses n'est pas la somme des deux champs de gravitation.

DOMAINE D'APPLICABILITÉ

Il ne faut pas croire que la théorie d'Einstein se limite à des corrections de nième décimale. Un moyen d'apprécier dans quelles conditions son application est nécessaire, est de considérer une vitesse de libération relativiste pour une masse test m dans le champ de pesanteur généré par un astre de rayon R et de masse M. À sa surface, la masse m a l'énergie gravitationnelle $-GMm/R$. Pour qu'elle arrive à l'infini avec une vitesse nulle (donc avec une énergie totale nulle), il faut lui fournir l'énergie cinétique $mv_{lib}^2/2$. La conservation de l'énergie impose

$$-GMm/R + \frac{1}{2}mv^2_{lib} = 0$$

$$\text{d'où } v^2_{lib} = 2GM/R$$

Si la vitesse de libération est très élevée, nous sommes en plein dans le domaine de la gravitation relativiste. L'ordre de grandeur du rapport GM/Rc^2 est donc un bon indicateur. Le tableau suivant (tiré de R.Hakim, Gravitation Relativiste, Interéditions) donne une estimation de ce paramètre appelé paramètre de compacité.

objets	GM/Rc^2
Noyau atomique	10^{-38}
Atome	10^{-43}
Homme	10^{-25}
Terre	10^{-9}
Soleil	10^{-6}
Galaxie	10^{-7}
Naine blanche	10^{-4}
Étoile à neutrons	10^{-1}
Univers	1
Trou noir	1

La précision des mesures de l'astronomie permet d'expliquer quantitativement les effets de la relativité générale dès le niveau terrestre. Ce tableau montre qu'il est absolument impossible de ne pas en tenir compte dès qu'on s'intéresse aux corps très denses ou à l'univers.

QUELQUES SOLUTIONS

Le système de six équations différentielles du second ordre, non linéaires (avec des conditions initiales et/où aux limites) est impossible à résoudre analytiquement sauf cas particulier.

- En l'absence d'énergie et de matière ($T_{\mu\nu}=0$) les solutions, dites solutions du vide, indiquent que la courbure de l'espace-temps est nulle ainsi que la connexion. C'est l'espace-temps plat de Minkowski de la relativité restreinte ($g_{\mu\nu}=\eta_{\mu\nu}$). L'équation d'une géodésique devient $d^2x^\mu/d\tau^2=0$, ce qui correspond au mouvement uniforme. En ce sens, la relativité restreinte et le principe de Galilée sont deux cas limites de la relativité générale.

- Solution de Schwarzschild : quelques mois seulement après la sortie en 1915 de l'article d'Einstein sur la relativité générale, un mathématicien Allemand publia une solution exacte concernant le champ gravitationnel créé par une masse ponctuelle M isolée, sans rotation et en régime statique. C'est véritablement une aubaine, car elle permet de déterminer avec une très bonne approximation les géodésiques de l'espace-temps à l'extérieur d'une planète comme la Terre ou du Soleil, d'une étoile à symétrie sphérique (même en effondrement si la symétrie sphérique est conservée dans ce cataclysme) et même d'un trou noir. Sa solution en coordonnées sphériques s'écrit

$$ds^2=B(r)c^2dt^2-A(r)dr^2-r^2(d\theta^2+\sin^2\theta d\varphi^2)$$

où $B(r)=1-2GM/rc^2$ et $A(r)=1/B(r)$. Le rayon de Schwarzschild r_s est défini par $B(r_s)=0$ c'est-à-dire par $r_s=2GM/c^2$. On remarque que cette métrique est singulière en r=0 et r=r_s. Il est possible de montrer que la singularité en r_s est artificielle (elle tient au système de coordonnées choisi) tandis que celle en r=0 est inhérente à la structure de l'espace-temps. Pour la Terre r_s=9 mm et pour le Soleil r_s=3 km, valeurs très inférieures au rayon de ces astres si bien que pour les astres ordinaires dans lesquels la densité massique et la densité énergétique sont « raisonnables », cette métrique sera bien adaptée dès que r sera supérieur au rayon de l'astre. Si r tend vers l'infini, A(r) et B(r) tendent vers 1 et l'on retrouve l'espace-temps vide et plat (en dehors de la masse M de rayon R) de la relativité restreinte ou de la mécanique classique.

Remarque : t et r ne sont que des coordonnées de temps et d'espace qui n'ont pas plus de sens physique qu'en relativité restreinte. Par exemple, l'intervalle au carré entre deux événements définis par $(t, r_1, \theta, \varphi)$ et $(t, r_1 + dr, \theta, \varphi)$ n'est pas dr^2, mais $ds^2 = -A(r)dr^2$ puisque dt=0 et $d\theta = d\varphi = 0$.

La solution de Schwarzschild permet (après en général d'assez longs calculs) de rendre compte quantitativement des observations type déviation de la lumière par une masse, précession du périhélie de Mercure, décalage gravitationnel vers le rouge, retard d'un écho radar (effet Shapiro). En ce qui concerne l'orbite de Mercure (c'est la même démarche pour les autres planètes du système solaire), l'équation de Binet est retrouvée avec un terme supplémentaire expliquant la dérive de 43 secondes d'arc par siècle du périhélie de Mercure (voir appendice). Le calcul numérique donna la valeur de 42,7 secondes d'arc, ce qui causa une joie indescriptible à Einstein et le laissa, paraît-il, dans un état second pendant un certain temps… Au vu de la complexité de la relativité générale et de la durée de son élaboration, on peut le comprendre.

- Nous terminerons sans entrer dans les détails par la métrique dite FLRW (pour Friedmann-Lemaître-Robertson-Walker) utilisée pour décrire l'évolution d'un univers homogène et isotrope à grande échelle. Elle est définie par

$$ds^2 = c^2 dt^2 - a(t)\{dr^2/(1-kr^2) - r^2(d\theta^2 + \sin^2\theta d\varphi^2)\}$$

où a(t) est un facteur d'échelle, t le temps cosmique le même pour toutes les galaxies et k une constante qualifiant la courbure de l'espace-temps pouvant prendre les valeurs -1 (univers hyperboloïde ouvert), 0 (univers plat euclidien) et 1 (univers fermé sphérique).

Elle a l'avantage d'avoir une bonne calculabilité et sert de base à des modèles plus sophistiqués incluant des fluctuations de densité.

ÉPILOGUE

La relativité restreinte est une réussite théorique indéniable dont l'emploi et les vérifications sont journaliers en physique des particules. Pourtant, beaucoup s'imaginent encore qu'elle n'est qu'une simple hypothèse. Nier la dilatation du temps et la contraction des longueurs n'aurait jamais permis d'unifier mécanique et électromagnétisme. Cependant, elle n'est valable que pour les observateurs inertiels.

Tout aussi remarquable par sa conception est la relativité générale qui présente une formulation covariante des lois de la physique valable pour tout observateur, inertiel ou non. Elle englobe comme cas particuliers la relativité restreinte et la mécanique newtonienne. Ses succès explicatifs en font un outil indispensable de la cosmologie moderne. Les sondes spatiales récemment lancées devraient permettre de vérifier certaines de ses prédictions non encore avérées aujourd'hui.

Sera-t-elle dépassée ? Oui. Son principal défaut est de ne pas être compatible avec la mécanique quantique. À quand la gravitation quantique ? De plus, les multiples tentatives théoriques qui se développent aujourd'hui (matière noire, énergie noire, théorie des cordes, etc.) sont annonciatrices d'évolutions ou de révolutions théoriques.

AVANCE DU PÉRIHÉLIE DE MERCURE

Le but de ce calcul est de déterminer dans le cadre de la relativité générale la trajectoire de la planète Mercure dans le seul champ de gravitation du Soleil. Rappelons que le rayon de Schwarzschild du Soleil est de l'ordre de trois kilomètres et que Mercure orbite à plusieurs millions de kilomètres du Soleil. La métrique de Schwarzschild est définie par

$$ds^2 = B(r)c^2dt^2 - A(r)dr^2 - r^2(d\theta^2 + \sin^2\theta d\varphi^2)$$

avec $B(r)=1-a/r$, $A(r)=1/B(r)$ et $a=2GM/c^2$ (rayon de Schwarzschild). Les indices 0,1,2,3 sont attribués aux variables ct, r, θ, φ prises dans cet ordre. Dans la suite, les grandeurs $A(r)$ et $B(r)$ seront simplement notées A et B et leurs dérivées premières A' et B', toutes étant bien sûr des fonctions de r. Avec ces notations, les composantes du tenseur métrique g et de son inverse sont

$$g_{00}=B \quad g_{11}=-A \quad g_{22}=-r^2 \quad g_{33}=-r^2\sin^2\theta$$
$$g^{00}=1/B=A \quad g^{11}=-1/A=-B \quad g^{22}=-1/r^2 \quad g^{33}=-1/r^2\sin^2\theta$$

On remarque qu'elles ne dépendent que de r et θ.

Calcul des symboles de Christoffel

Symétriques en β, γ et définis par

$$\Gamma^{\alpha}_{\beta\gamma}=\frac{1}{2}\,g^{\alpha\delta}(\partial_{\gamma}g_{\delta\beta}+\partial_{\beta}g_{\delta\gamma}-\partial_{\delta}g_{\beta\gamma})$$

il y en a 64, mais comme le tenseur métrique est diagonal et que ses éléments ne dépendent ni de t ni de φ, la plupart sont nuls. Ne restent que ces 13 présentés ici selon les valeurs possibles de α (de 0 à 3)

$$\Gamma^{0}_{10}=\Gamma^{0}_{01}=AB'/2$$
$$\Gamma^{1}_{00}=BB'/2 \quad \Gamma^{1}_{11}=BA'/2 \quad \Gamma^{1}_{22}=-Br \quad \Gamma^{1}_{33}=-Br\sin^{2}\theta$$
$$\Gamma^{2}_{21}=\Gamma^{2}_{12}=1/r \quad \Gamma^{2}_{33}=-\sin\theta\cos\theta$$
$$\Gamma^{3}_{13}=\Gamma^{3}_{31}=1/r \quad \Gamma^{3}_{23}=\Gamma^{3}_{32}=\cos\theta/\sin\theta$$

Géodésiques

$$\frac{d^{2}x^{\mu}}{d\tau^{2}}+\Gamma^{\mu}_{\nu\rho}\,\frac{dx^{\nu}}{d\tau}\,\frac{dx^{\rho}}{d\tau}=0$$

où pour un objet massique, τ est le temps propre. Elles représentent quatre équations différentielles puisqu'il y a 4 valeurs de μ possibles. Pour $\mu=0$, la double sommation sur les indices ν,ρ se réduit aux deux seuls termes contenant Γ^{0}_{10} et Γ^{0}_{01} qui sont égaux en vertu de la symétrie des symboles. Pour $\mu=1$, il y a quatre termes différents. Pour $\mu=2$, il y a trois termes dont deux sont égaux et pour $\mu=3$, il y a 4 termes deux à deux égaux. Avec $x^{0}=ct$, $x^{1}=r$, $x^{2}=\theta$, $x^{3}=\varphi$, on obtient

$$\frac{d^{2}x^{0}}{d\tau^{2}}+2\,\Gamma^{0}_{10}\,\frac{dx^{0}}{d\tau}\,\frac{dx^{1}}{d\tau}=0$$

$$\frac{d^{2}x^{1}}{d\tau^{2}}+\Gamma^{1}_{00}\,\frac{dx^{0}}{d\tau}\,\frac{dx^{0}}{d\tau}+\Gamma^{1}_{11}\,\frac{dx^{1}}{d\tau}\,\frac{dx^{1}}{d\tau}+\Gamma^{1}_{22}\,\frac{dx^{2}}{d\tau}\,\frac{dx^{2}}{d\tau}+\Gamma^{1}_{33}\,\frac{dx^{3}}{d\tau}\,\frac{dx^{3}}{d\tau}=0$$

$$\frac{d^2x^2}{d\tau^2}+2\,\Gamma^2_{\;21}\,\frac{dx^2}{d\tau}\,\frac{dx^1}{d\tau}+\Gamma^2_{\;33}\,\frac{dx^3}{d\tau}\,\frac{dx^3}{d\tau}=0$$

$$\frac{d^2x^3}{d\tau^2}+2\,\Gamma^3_{\;13}\,\frac{dx^1}{d\tau}\,\frac{dx^3}{d\tau}+2\,\Gamma^3_{\;23}\,\frac{dx^2}{d\tau}\,\frac{dx^3}{d\tau}=0$$

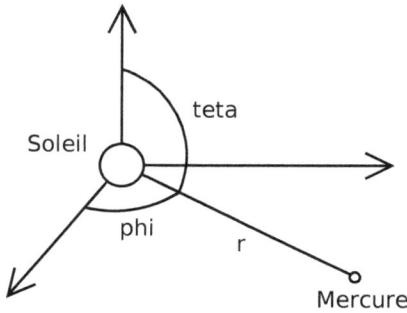

Figure 3 : La planète Mercure localisée par r,θ,φ orbite dans le plan équatorial du Soleil (θ est constant et vaut π/2).

θ étant constant et égal à π/2, les équations précédentes se simplifient, car $\Gamma^2_{\;33}=0$, $\Gamma^3_{\;23}=\Gamma^3_{\;32}=0$ et $dx^2/d\tau=d\theta/d\tau=0$. La troisième équation, qui se réduit à 0=0, disparaît. Restent donc

$$\frac{d^2x^0}{d\tau^2}+2\Gamma^0_{\;10}\,\frac{dx^0}{d\tau}\,\frac{dx^1}{d\tau}=0$$

$$\frac{d^2x^1}{d\tau^2}+\Gamma^1_{\;00}\,\frac{dx^0}{d\tau}\,\frac{dx^0}{d\tau}+\Gamma^1_{\;11}\,\frac{dx^1}{d\tau}\,\frac{dx^1}{d\tau}+\Gamma^1_{\;33}\,\frac{dx^3}{d\tau}\,\frac{dx^3}{d\tau}=0$$

$$\frac{d^2x^3}{d\tau^2}+2\Gamma^3{}_{13}\frac{dx^1}{d\tau}\frac{dx^3}{d\tau}=0$$

Voilà ! Maintenant, ce ne sont plus que des aspects mathématiques. Ne reste qu'à remplacer les symboles de Christoffel par leurs valeurs et à résoudre ce système de trois équations du second ordre a priori pas vraiment sympathique.

Il se trouve pourtant que la solution est analytique, car des grandeurs sont conservées le long de la ligne d'univers définie par τ. Tout d'abord, la norme de la vitesse ou de l'impulsion. En effet, comme $ds^2=dx^\mu dx_\mu=c^2d\tau^2$, on déduit en divisant par $d\tau^2$ que $v^\mu v_\mu=c^2$ et $p^\mu p_\mu=m^2c^2$. Ensuite, lorsqu'une métrique ne dépend pas explicitement d'une coordonnée, la composante *covariante* de l'impulsion correspondante est conservée le long de la géodésique. C'est le cas de cette métrique pour p_0 et p_3 puisque g ne dépend ni de x^0=ct ni de x^3=φ. Exprimons ces deux composantes.

$$dx^\nu=(dx^0=cdt, dx^1=dr, dx^2=d\theta, dx^3=d\varphi)$$
$$dx_\mu=g_{\mu\nu}dx^\nu=(Bdx^0, -Adr, -r^2d\theta, -r^2\sin^2\theta d\varphi)$$
$$p_\mu=m(Bdx^0/d\tau, -Adr/d\tau, -r^2d\theta/d\tau, -r^2\sin^2\theta d\varphi/d\tau)$$
$$\text{d'où } p_0=mBdx^0/d\tau \text{ et } p_3=-mr^2d\varphi/d\tau \text{ car } \theta=\pi/2$$

On a donc trois équations différentielles et trois relations de conservation.

Première équation différentielle

$$\frac{d^2x^0}{d\tau^2}+AB'\frac{dx^0}{d\tau}\frac{dr}{d\tau}=0$$

Il est visible puisque le produit AB vaut 1 que le membre de gauche s'écrit encore

$$A \frac{d}{d\tau}(Bdx^0/d\tau)=0$$

D'où

$$Bdx^0/d\tau=K_1$$

Ce qui concerne bien la conservation de p_0, partie temporelle de l'impulsion covariante c'est-à-dire de l'énergie E/c (cf. le quadrivecteur énergie-impulsion).

Troisième équation différentielle

$$\frac{d^2\varphi}{d\tau^2}+\frac{2}{r}\frac{dr}{d\tau}\frac{d\varphi}{d\tau}=0$$

En multipliant par r^2, on vérifie aisément que le premier membre s'écrit encore

$$\frac{1}{r^2}\frac{d(r^2 d\varphi/d\tau)}{d\tau}=0$$

Et l'on reconnaît la **loi des aires** consécutive à la conservation de la composante covariante p_3 de l'impulsion (qui s'exprime ici comme un moment cinétique) :

$$r^2 d\varphi/d\tau=K_3$$

(la constante C des aires est notée ici K_3, car elle est provient de l'équation 3). C'est en fait la conservation du moment cinétique pour une force centrale qui s'applique telle quelle en relativité générale.

Deuxième équation différentielle

$$\frac{d^2r}{d\tau^2}+\frac{BB'}{2}(\frac{dx^0}{d\tau})^2+\frac{BA'}{2}(\frac{dr}{d\tau})^2-Br(\frac{d\varphi}{d\tau})^2=0$$

Tenant compte des deux constantes précédentes pour éliminer les variables en x^0 et φ de cette équation, il vient

$$\frac{d^2r}{d\tau^2}+\frac{BB'}{2}\frac{K_1^2}{B^2}+\frac{BA'}{2}(\frac{dr}{d\tau})^2-B\frac{K_3^2}{r^4}=0$$

En multipliant par $2Adr/d\tau$, on obtient

$$2A\frac{dr}{d\tau}\frac{d^2r}{d\tau^2}+B'\frac{dr}{d\tau}\frac{K_1^2}{B^2}+A'(\frac{dr}{d\tau})^3-2\frac{K_3^2}{r^3}\frac{dr}{d\tau}=0$$

équation apparemment plutôt compliquée. Elle a probablement un rapport avec la relation de conservation non encore utilisée (celle de la norme de l'impulsion). Effectivement, si on examine le premier et le troisième terme, on s'aperçoit que leur somme représente la dérivée par rapport à τ de $A(dr/d\tau)^2$... Et les deux autres termes sont aussi la dérivée par rapport à τ de la quantité $K_3^2/r^2-AK_1^2$! La solution (de première intégration) est donc

$$A(\frac{dr}{d\tau})^2 - AK_1^2 + \frac{K_3^2}{r^2} = K_2$$

Quelle peut être la valeur de K_2 ? Pour $\theta = \pi/2$, l'intervalle au carré s'écrit

$$ds^2 = B(dx^0)^2 - A dr^2 - r^2 d\varphi^2 = c^2 d\tau^2$$

En y remplaçant dx^0 et $d\varphi$ par leur valeur en fonction des constantes K_1 et K_3, il vient

$$(ds/d\tau)^2 = c^2 = AK_1^2 - A(dr/d\tau)^2 - K_3^2/r^2$$

qui est l'opposé de K_2, ce qui identifie la constante K_2 à $-c^2$ pour un corps matériel (et à 0 pour la lumière puisque ds=0 pour elle, ds étant alors paramétré par une autre variable que τ car dτ=0 pour la lumière).

Trajectoire
C'est la relation r(φ). Comme en mécanique classique, posons u=1/r. Puisque $dr/d\tau = (dr/du)(du/d\varphi)(d\varphi/d\tau)$, l'équation précédente devient en éliminant $d\varphi/d\tau$ par la loi des aires et en remplaçant A par sa valeur

$$(\frac{du}{d\varphi})^2 + u^2 - au^3 - \frac{auc^2}{K_3^2} = \frac{K_1^2 - c^2}{K_3^2}$$

La meilleure voie pour accéder à la solution u(φ) est de … dériver par rapport à φ ! En effet, on tombe sur cette équation du second ordre

$$\frac{d^2u}{d\varphi^2}+u-\frac{3}{2}au^2=\frac{ac^2}{2K_3^2}$$

comparable à l'équation de Binet obtenue par la mécanique newtonienne,

$$\frac{d^2u}{d\varphi^2}+u=GM/C^2$$

Comme $ac^2=2GM$ et $K_3=C$ (constante des aires et non pas vitesse de la lumière), les deux seconds membres sont identiques. Ces deux équations ne diffèrent que par le terme en u^2.

La solution de l'équation de Binet est l'ellipse

$$u_B=A\cos\varphi+GM/C^2$$

où A est une constante (rien à voir avec le A de la métrique de Schwarzschild). Celle de l'équation contenant le terme $3au^2/2$ a une solution exacte faisant intervenir la fonction elliptique « sinus de Jacobi ». Comme cette fonction est peu classique et que au^2 est petit, nous préférons procéder directement par une perturbation au premier ordre de la solution de Binet (c'est une correction post-newtonienne). Posons donc $u=u_B+\delta u$. D'où, puisque la perturbation δu est faible, $u^2\approx u_B^2+2u_B\delta u=2u_Bu-u_B^2$, ce qui mène à l'équation

$$\frac{d^2u}{d\varphi^2}+u(1-3au_B)=\frac{ac^2}{2K_3^2}-\frac{3}{2}au_B^2$$

La planète Mercure orbite à des distances $r_B=1/u_B$ comprises entre 46 et 70 millions de kilomètres. u_B n'est donc pas constant, mais l'erreur commise en le considérant égal à GM/C^2 quelque soit φ (ce qui revient à considérer l'orbite képlérienne comme circulaire) n'a pas d'incidence notable sur le résultat que nous voulons établir. Dans ces conditions, l'équation ci-dessus est celle d'une ellipse dont la solution est $u=A'\cos[(1-3au_B)^{-1/2})\varphi]+B'$ où A' et B' sont des constantes.

Le cosinus reprend la même valeur lorsque son argument a varié de 2π, c'est-à-dire lorsque φ a varié de $\Delta\varphi$ tel que $(1-3au_B)^{-1/2}\Delta\varphi=2\pi$. D'où $\Delta\varphi\approx2\pi(1+3au_B/2)$ puisque au_B est petit. En clair, $\Delta\varphi$ est légèrement supérieur à 2π. L'avance par rapport à 2π vaut donc $\Delta\varphi-2\pi=3\pi aGM/C^2$ par révolution. Une révolution durant 88 jours, le calcul fournit, selon les données sur Mercure, une avance comprise entre 42 et 44 secondes d'arc par siècle. La valeur mesurée par les astronomes est de 43 secondes...

LISTE DES QUADRIVECTEURS

$(ct, \mathbf{r})$ espace-temps

$v^{\mu} = [\gamma(v)c, \gamma(v)\mathbf{v}]$ vitesse

$p^{\mu} = (E/c, \mathbf{p})$ énergie-impulsion

$f^{\mu} = [\gamma(v)\mathbf{f}.\mathbf{v}/c, \gamma(v)\mathbf{f}]$ force

$k^{\mu} = (\omega/c, \mathbf{k})$ vecteur d'onde photon

$\nabla^{\mu} = (\partial/c\partial t, -\nabla)$ gradient généralisé

$j^{\mu} = (\rho c, \rho \mathbf{v})$ densité de courant

$A^{\mu} = (V/c, \mathbf{A})$ potentiel

Tous se transforment (en conservant leur norme) de R vers R' selon cette sommation sur l'indice ν où L^{μ}_{ν} est la matrice de Lorentz :

$$x'^{\mu} = L^{\mu}_{\nu} x^{\nu}$$

ÉQUATIONS DE MAXWELL

Champs E,B

div $\mathbf{E}=\rho/\epsilon_0$ $\mathbf{B}=\mu_0(\mathbf{j}+\epsilon_0\partial\mathbf{E}/\partial t)$

div $\mathbf{B}=0$ **rot $\mathbf{E}=-\partial\mathbf{B}/\partial t$**

équations de propagation : $\Box\mathbf{E}=0$ et $\Box\mathbf{B}=0$

d'Alembertien : $\Box=\partial^2/c^2\partial t^2-\partial^2/\partial x^2-\partial^2/\partial y^2-\partial^2/\partial z^2$

Potentiels V,A

$\Box V=\rho/\epsilon_0$ $\Box\mathbf{A}=\mu_0\mathbf{j}$

$\mathbf{E}=-\mathrm{grad}\ V-\partial\mathbf{A}/\partial t$ **$\mathbf{B}=\mathrm{rot}\ \mathbf{A}$**

Jauge de Lorentz : $\partial V/c^2\partial t+\mathrm{div}\ \mathbf{A}=0$

Équations de Maxwell covariantes

$\partial_\mu F^{\mu\nu}=\mu_0 j^\nu$

$\partial_\rho F_{\mu\nu}+\partial_\mu F_{\nu\rho}+\partial_\nu F_{\rho\mu}=0$

F : tenseur électromagnétique

102

TABLE DES MATIÈRES

- Décalage gravitationnel vers le rouge
- la topologie
- Le tenseur énergie-impulsion
- L'équation d'Einstein
- Domaine d'applicabilité
- Quelques solutions

www.ingramcontent.com/pod-product-compliance
Lightning Source LLC
Chambersburg PA
CBHW021117210326
41598CB00017B/1469